# 邛海及其流域观鸟图鉴


## 本书编委会

| | | | |
|---|---|---|---|
| 主　编 | 彭　徐 | | |
| 副主编 | 徐大勇 | 董艳珍 | 薛　敏 |
| | 叶昌云 | 彭季月 | 王堂尧 |
| 编　委 | 李　良 | 亓东明 | 赖文江 |
| | 刘　莉 | 代　群 | 尹大兴 |
| | 刘旸洋 | 徐雅琴 | 李梦里 |

四川大学出版社

项目策划：李思莹
责任编辑：李思莹
责任校对：张伊伊
封面设计：胜翔设计
责任印制：王　炜

**图书在版编目（CIP）数据**

邛海及其流域观鸟图鉴 / 彭徐主编. — 成都 : 四川大学出版社，2020.9
ISBN 978-7-5690-3719-7

Ⅰ. ①邛… Ⅱ. ①彭… Ⅲ. ①鸟类－西昌－图集 Ⅳ. ①Q959.708-62

中国版本图书馆 CIP 数据核字（2020）第 049265 号

**书名　邛海及其流域观鸟图鉴**

| | |
|---|---|
| 主　　编 | 彭　徐 |
| 出　　版 | 四川大学出版社 |
| 地　　址 | 成都市一环路南一段 24 号（610065） |
| 发　　行 | 四川大学出版社 |
| 书　　号 | ISBN 978-7-5690-3719-7 |
| 印前制作 | 四川胜翔数码印务设计有限公司 |
| 印　　刷 | 四川盛图彩色印刷有限公司 |
| 成品尺寸 | 185mm×205mm |
| 印　　张 | 16 |
| 字　　数 | 318 千字 |
| 版　　次 | 2020 年 9 月第 1 版 |
| 印　　次 | 2020 年 9 月第 1 次印刷 |
| 定　　价 | 128.00 元 |




◆ 读者邮购本书，请与本社发行科联系。
电话：(028)85408408/(028)85401670/
(028)86408023　邮政编码：610065
◆ 本社图书如有印装质量问题，请寄回出版社调换。
◆ 网址：http://press.scu.edu.cn

四川大学出版社
微信公众号

# 前言

邛海位于我国最大的彝族聚居地——四川省凉山彝族自治州的首府西昌市东南约4.5公里处。邛海为乌蒙山和横断山边缘断裂陷落形成的湖泊，是四川省第二大天然淡水湖。邛海属长江流域，雅砻江水系，海拔1510.3米，湖泊面积34平方公里，汇流面积307平方公里，总库容3.2亿立方米，湖水滞留时间2.2年，入湖河流8条，出湖河流1条。邛海流域地处青藏高原东南缘的横断山纵谷区，位于印度洋西南季风暖湿气流北上的通道上。其地理坐标范围大致为北纬27° 47′ ~ 28° 01′，东经102° 07′ ~ 102° 23′。邛海及其流域光照充足，年温差小，四季如春，邛海北部和东北部浅水、沼泽区宽阔，水草茂密，水生动物丰富，邛海西侧泸山之后是宽阔平坦的安宁河谷，这些都为鸟类提供了良好的觅食、休息、避敌等环境条件。丰富的植被、优越的生境使邛海及其流域成为四川省拥有鸟类资源较丰富的地区，目前该区域已知的鸟类有200多种。其中有国家一级保护动物，如中华秋沙鸭；国家二级保护动物，如彩鹮、鸳鸯、红隼、燕隼、游隼、雀鹰、苍鹰、松雀鹰、凤头鹰、普通鵟、棕尾鵟、白腹锦鸡、血雉、灰鹤等；四川省重点保护野生动物，如棕头鸥、小鸊鷉、黑颈鸊鷉、凤头鸊鷉、普通鸬鹚、绿鹭、中白鹭、紫背苇鳽、红胸田鸡、黑水鸡、水雉、红翅凤头鹃、栗斑杜鹃、鹰鹃、大拟啄木鸟等；国家保护的有益的或者有重要经济、科学研究价值的鸟类，如赤嘴潜鸭、黑水鸡、凤头麦鸡、赤红山椒鸟、蓝喉太阳鸟等。

邛海是国家级风景名胜区邛海—螺髻山风景名胜区的核心景区，具有丰富多样的生物和各类景观，是我国高原内陆地区水禽候鸟的栖息地，是它们繁衍和越冬的重要区域之一，也是候鸟迁徙的中转驿站。邛海形成的湖泊湿地具有相对闭合的地理环境特征，其湖岸、湖滨、湖盆的形态特征具有典型性，是我国西南地区特有的湿地类型，是城市周边弥足珍贵的自然湿地。由于恢复的2万亩邛海湿地正好是多种珍稀鸟类的主要栖息地，因此邛海湿地符合《关于特别是作为水禽栖息地的国际重要湿地公约》第二条“特别是具有水禽生境意义的地区岛屿或水体”的规定，满足国际重要湿地名录鉴定标准中“基于水禽的特定指标”。湿地鸟类是湿地极其重要的组成部分，在促进湿地生态系统能量流动和维持湿地生态系统稳定性方面起着举足轻重的作用，同时也是监测湿地环境质量极其敏感的生物指标。当地采取以自然招引为主、人工引进为辅的方式，建立了邛海湿地鸟类保护区，为鸟类创造了良好的栖息地，进而创造出邛海良好的鸟类景观。我们在分析研究邛海鸟类生态资源现状和鸟类保护情况的基础上，通过科学测算和合理规划，提出集邛海珍稀鸟类保护、科普教育、生态旅游休闲为一体的邛海观鸟生态旅游开发项目，以实现对邛海鸟类资源的可持续利用，探索出既能保护好邛海，又能发展生态经济的多元道路。

2014—2016年，邛海泸山风景区游客量超过1500万人次，旅游收入突破20亿元，取得了很好的社会、经济和环境效益。随着邛海旅游经济的发展，旅游活动已经成为邛海湿地鸟类最大的人为干扰因素。为了保护鸟类，使鸟类与人类和谐相处，我们应充分利用观鸟这一增强人类与鸟类之间情感最直接的方式，积极引导观鸟者生态观鸟、智慧观鸟，给鸟类一个安静、自由的空间。通过悬挂人工鸟巢、举办鸟类摄影展、发放和张贴爱鸟宣传画等活动，让更多的市民、游客加入爱鸟、护鸟的队伍，参与保护鸟类的志愿活动，使邛海湿地真正成为“全国最佳野生鸟类观赏地”。我国群众性观鸟活动已经开展了二十年，西昌的观鸟活动也有十多年的历史，近几年西昌观鸟活动迅猛发展，参与人数不断增加。西昌观鸟的人群中有学生，有游客，有专家学者，更有痴迷的鸟人、鸟友。他们自发地配备了高质量的望远镜，参与鸟类的调查活动。近年来，随着数码摄影技术的快速发展，众多的摄鸟爱好者在邛海及其流域拍摄了很多鸟类的照片，积累了大量的生态观鸟资料，增强了观鸟的科学性，同时也积累了丰富的野外观鸟、识鸟的经验。

由彭徐教授主持的四川省高校重点实验室“四川高原湿地生态与环保应用技术重点实验室”和西昌学院校级重点实验室“邛海湿地生态旅游与环境保护研究实验室”，在多年研究邛海及其流域鸟类的基础上，精选叶昌云、薛敏、赖文江、刘莉、尹大兴等多位摄影爱好者和实验室工作人员拍摄的照片，结合研究成果，编撰了这本观鸟图鉴。本书以图文的形式阐述了观鸟基础知识和邛海及其流域鸟类的基本特征，突出了邛海的地方特色和鸟类的保护级别，使图鉴更具有科学性、实用性，能满足广大观鸟爱好者的需求。本书是各位编委多年来辛勤工作的成果，可以作为广大观鸟爱好者、科研人员、湿地公园保护者、野生动物保护者、大中小学师生进行观鸟和研究等活动的工具书。本书的出版将进一步推动西昌群众性观鸟活动和鸟类知识的普及，使邛海湿地公园真正成为国家湿地公园、国家生态文明教育基地、国家环保科普基地、全国科普教育基地、国家中小学环境教育基地、国家级旅游度假区、国家生态旅游示范区、全国知名阳光康养旅游度假胜地，对四川省高原湿地的生态环境保护和生态旅游发展起到推动作用。

本书编委会

2020年5月

# 目　录

## 观鸟基础知识



## 图鉴分目

# GUANNIAO JICHUZHISHI

# 观鸟基础知识

# 第一节　鸟类分类

鸟类在动物分类系统中的地位是一个“纲”。鸟类学家把我国已知的1400多种鸟按特征分为26目109科497属。鸟类鉴定主要在室内进行，在资料检索过程中常常涉及鸟类的外部形态。

鸟类分类是以形态学为基础，主要是根据鸟类的外部形态特征，如飞羽（特别是初级飞羽）、尾羽的数目和形态特征，嘴的形状、颜色和长短，跗跖的颜色、特征以及所被覆的鳞片的形态和数目，各部的羽饰特征，裸皮的颜色。因此，在学习鸟类分类时，首先需要熟悉鸟类的外部形态。

## 一、鸟类的外部形态

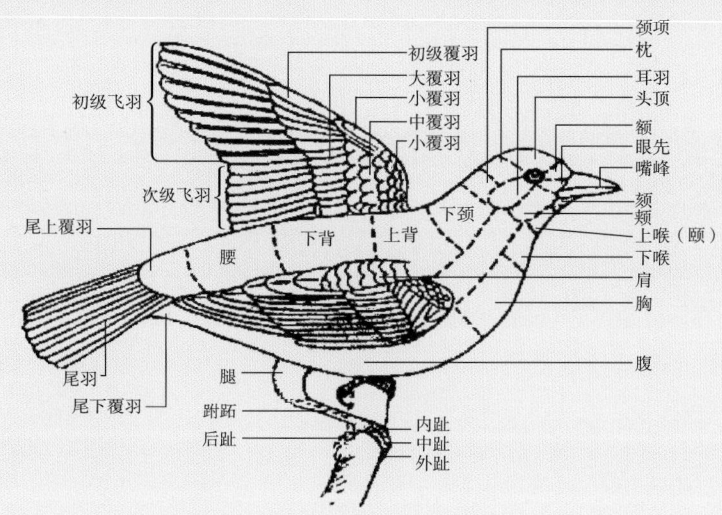

1. 头部

（1）羽冠：头顶上特别延长或耸起的羽毛。

（2）眼先：位于嘴角之后，眼之前。

（3）耳羽：耳孔上的羽毛，位于眼的后方。

（4）面盘：两眼向前，其周围的羽毛排列成人面状。

2. 颈部

（1）上颈：即颈项，简称项。后颈的前部，与后头相接。

（2）下颈：后颈的后部，与背部相接。

（3）前颈：位于喉的下方，颈部的前面。

（4）喉囊：喉部可伸缩的皮囊构造。

3. 躯干

（1）背：位于下颈之后，腰部之前。可分为上背和下背，前者与下颈相接，后者与腰部相接。

（2）肩：位于背的两侧及两翅的基部。此部羽毛常特别延长而称为肩羽。

（3）腰：躯干上面最靠后的一部分，其前为下背，其后为尾上覆羽。

（4）胸：躯干下面最靠前的一部分，前接前颈，后接腹部。可分为前胸或上胸及下胸。

（5）腹：前接胸部，后止于泄殖孔。

4. 嘴

（1）上嘴：嘴的上部，其基部与额（头的最前部）相接。

（2）下嘴：嘴的下部，其基部与颏（嘴基部腹面所接续的一小块区域）相接。

（3）嘴角：上、下嘴基部相接之处。

（4）嘴峰：上嘴的顶脊。

（5）嘴端：嘴的先端。

（6）嘴甲：嘴端甲状的附属物。

（7）蜡膜：上嘴基部的膜状覆盖构造。

（8）鼻孔：鼻向外的开孔，位于上嘴基部的两侧。

（9）鼻沟：上嘴两侧的纵沟，鼻孔位于其中。

（10）鼻管：上嘴基部的管状突，鼻孔开口于管的前端。

（11）嘴须：着生于嘴角的上方。

（12）嘴缘：嘴的边缘。

5. 翼（翅）

（1）初级飞羽：此列飞羽最长，有9～10枚，着生于腕骨、掌骨和指骨。其在翼的外侧者称为外侧初级飞羽，在翼的内侧者称为内侧初级飞羽。

（2）次级飞羽：着生于尺骨上的飞羽。依其所处位置，次级飞羽也有外侧和内侧的区别。

（3）三级飞羽：飞羽中最后的一列，亦着生于尺骨上，实际上应称为最内侧次级飞羽。

（4）初级覆羽：覆于初级飞羽基部的小型羽毛。

（5）次级覆羽：覆于次级飞羽基部的小型羽毛。

（6）翼端：翼的先端。依其形状可分为三种。

①尖翼：最外侧飞羽（退化飞羽不计入）最长，其内侧飞羽逐渐缩短，因而形成尖形翼端。

②圆翼：最外侧飞羽较其内侧飞羽为短，因而形成圆形翼端。

③方翼：最外侧飞羽（退化飞羽不计入）与其内侧飞羽几乎等长，因而形成方形翼端。

6. 尾

（1）尾上覆羽：位于上体腰部之后、覆盖尾羽羽根的覆羽。

（2）尾下覆羽：位于下体泄殖孔之后、覆盖尾羽羽根的覆羽。

（3）中央尾羽：位于中央的一对尾羽。

（4）外侧尾羽：位于中央尾羽外侧的尾羽。其位于最外侧者称为最外侧尾羽。

（5）平尾：尾的形状之一。中央尾羽与外侧尾羽长短相等。

（6）圆尾：尾的形状之一。中央尾羽较外侧尾羽稍长。

（7）凸尾：尾的形状之一。中央尾羽较外侧尾羽长，且长短相差较大。

（8）楔尾：尾的形状之一。中央尾羽明显较外侧尾羽长，且羽轴强硬。

（9）尖尾：尾的形状之一。中央尾羽较外侧尾羽长，且长短相差极甚。

（10）凹尾：尾的形状之一。中央尾羽较外侧尾羽稍短。

（11）叉尾（燕尾）：尾的形状之一。中央尾羽明显较外侧尾羽短。

（12）铗尾：尾的形状之一。中央尾羽较外侧尾羽短，且长短相差极为显著。

7. 腿

（1）跗跖：腿以下到趾之间的部分。

（2）盾状鳞：鳞片呈盾状由上至下顺序排列。

（3）网状鳞：鳞片呈网状排列。

（4）靴状鳞：鳞片呈靴状，整片披于跗跖部前缘。

（5）距：跗跖部后缘着生的角状突。

（6）不等趾足（常态足）：在脚的四趾中，三趾向前，一趾（即大趾）向后。

（7）对趾足：第2、3趾向前，第1、4趾向后。

（8）异趾足：第3、4趾向前，第1、2趾向后。

（9）半对趾足：与不等趾足基本相同，但第4趾有时可扭转向后成对趾足。

（10）并趾足：前趾的排列如不等趾足，但向前三趾的基部愈合。

（11）前趾足：四趾均向前。

（12）离趾足：三趾向前，一趾向后；后趾最强，前趾各相游离。

（13）索趾足：三趾向前，一趾向后；后趾甚弱，前趾多少相并着。

（14）蹼足：前三趾间具有极发达的蹼相连。

（15）凹蹼足：与蹼足相似，但蹼膜中部往往凹入。

（16）半蹼足（微蹼足）：蹼的大部分已退化，仅于趾间的基部留存。

（17）全蹼足：前趾及后趾的趾间均有蹼相连。

（18）瓣蹼足：趾两侧具叶状瓣膜。

（19）爪：着生于趾的末端。

8. 羽毛

（1）羽干：羽轴上段羽片部分。

（2）羽片（翈）：着生于羽干的两侧。在内侧者称为内翈，在外侧者称为外翈。

（3）纤羽（毛状羽）：羽毛的一种，外形呈毛发状。

（4）冉羽：其羽支的末端柔滑，稍经触动即碎成粉状。

（5）副羽：自冉羽的基处生的散羽。

## 二、鸟类分类的依据

1. 嘴的形状

鸟类嘴的形状与其食性有关，可分为以下五类：

（1）尖锐，钩曲：食肉鸟类，如猎隼。

（2）扁平宽阔具缺刻：食鱼鸟类，如绿头鸭。

（3）圆锥状：食谷鸟类，如麻雀。

（4）强直，端尖或有钩：杂食性鸟类，如黑鹳。

（5）嘴短，基部宽阔：飞捕昆虫的鸟类，如家燕。

此外，也可根据嘴的颜色、蜡膜有无、嘴须有无、鼻孔形态和位置来鉴别鸟类。

2. 翼形

鸟类的翼形可分为以下三类：

（1）圆翼：最外侧飞羽比其内侧飞羽短，如黄鹂、秧鸡。

（2）尖翼：最外侧飞羽最长，其内侧飞羽逐渐缩短，如隼、雨燕、家燕。

（3）方翼：最外侧飞羽与其内侧飞羽几乎等长，如八哥、鹰。

此外，还可根据翼上、下两面的斑纹来鉴别鸟类。

3. 尾形

鸟类的尾形可分为以下七类：

（1）平尾：中央尾羽与外侧尾羽等长，如鹰。

（2）圆尾：中央尾羽较外侧尾羽稍长，如八哥。

（3）凸尾：中央尾羽较外侧尾羽长，如伯劳。

（4）楔尾：中央尾羽明显较外侧尾羽长，如啄木鸟。

（5）凹尾：中央尾羽较外侧尾羽稍短，如沙燕。

（6）叉尾：中央尾羽明显较外侧尾羽短，如卷尾。

（7）铗尾：中央尾羽较外侧尾羽短，如燕鸥。

此外，还可根据尾羽上的斑纹来鉴别鸟类。

4. 跗跖部角质鳞

鸟类跗跖部的角质鳞可分为以下三类：

（1）盾状鳞：鳞片呈盾状。

（2）网状鳞：鳞片呈网状。

（3）靴状鳞：鳞片呈靴状。

5. 趾的数目及排列方式

按趾的数目及排列方式，鸟类的足可分为以下五类：

（1）不等趾足：第2、3、4趾向前，第1趾向后，如鸡。

（2）对趾足：第2、3趾向前，第1、4趾向后，如啄木鸟。

（3）异趾足：第3、4趾向前，第1、2趾向后，如咬鹃。

（4）并趾足：第2、3、4趾向前（第2、3、4趾基部愈合），第1趾向后，如翠鸟。

（5）前趾足：四趾均向前，如雨燕。

6. 蹼足形

鸟类的蹼足形可分为以下五类：

（1）蹼足：前三趾间有完全蹼相连，如鸭类。

（2）凹蹼足：前三趾间有蹼相连，但蹼膜中部往往凹入，如燕鸥。

（3）全蹼足：四趾间均有蹼相连，如鸬鹚。

（4）半蹼足：仅趾间的基部有蹼相连，如鹬。

（5）瓣蹼足：趾两侧具叶状瓣膜，如䴙䴘。

此外，还可根据脚的长短、颜色，胫裸或被羽，跗跖裸或被羽，爪有无栉缘等来鉴别鸟类。

7. 腭形

鸟类的腭形可分为以下四类：

（1）裂腭形：左、右颌腭突较小，在中央不合并而有裂缝，犁骨发达呈尖形，如鸡形目、鸽形目。

（2）索腭形：两侧颌腭突在中央合并，犁骨小，退化，如雁形目、鹳形目。

（3）雀腭形：两侧颌腭突在中央不合并，犁骨平截状，如雀形目。

（4）蜥腭形：两侧颌腭突在中央不合并，犁骨两块，如啄木鸟。

8. 雏鸟类型

鸟类按雏鸟类型可分为以下两类：

（1）早成鸟：幼鸟出壳后即睁开眼，被绒羽，能行走，独立取食。

（2）晚成鸟：幼鸟出壳后闭眼，无羽，不能行走，不能独立取食，须亲鸟喂养。

9. 捕食方式

鸟类的捕食方式可分为以下四类：

（1）飞行捕食，如游隼。

（2）抢其他鸟口中的食物，如军舰鸟。

（3）扎入水中捕食，如翠鸟。

（4）旋转打圈捕食，如半蹼鹬。

10. 生态类群

鸟类按生态类群可分为以下八类：

（1）走禽：不能飞行，善于行走，如平胸总目。

（2）游禽：趾间有蹼，善于游泳，如鸊鷉目、鹈形目、雁形目。

（3）涉禽：腿长、颈长、嘴长，生活在沼泽、水边，如鹤形目、鹳形目。

（4）猛禽：嘴粗壮、钩曲，腿强健，爪锐利，如隼形目、鸮形目。

（5）攀禽：嘴尖直，对趾足，如䴕形目。

（6）鸣禽：善于鸣叫，如雀形目。

（7）陆禽：飞不高，善行走，如鸡形目、鸽形目。

（8）企鹅：只会游泳，不会飞翔。

## 第二节　鸟类的生态习性

### 一、生态类群

根据鸟的生活方式和栖息习性，可将鸟类划分为八个生态类群。我国拥有六个生态类群，这六个生态类群均属突胸总目，它们分别是鸣禽、攀禽、陆禽、猛禽、涉禽、游禽。

1. 鸣禽

喉部下方有鸣管，鸣管和鸣肌特别发达。一般体型较小，体态轻盈，活泼灵巧，善于鸣叫和歌唱，巧于筑巢，如百灵鸟。鸣禽是数量最多的一类，占世界鸟类总数的3/5。

2. 攀禽

嘴尖利如凿，脚强健有力，两趾向前，两趾向后，善于攀木，尾羽轴坚韧，尾羽短而坚硬，如啄木鸟。

3. 陆禽

体格结实，嘴坚硬，后肢强而有力，适于刨土，多在地面活动、觅食。一般雌、雄鸟羽色有明显的差别，雄鸟羽色更为华丽，如孔雀。

4. 猛禽

具有弯曲如钩的锐利的嘴和爪，翅和足强而有力，能在天空中翱翔或滑翔，捕食空中、水面或地面活的猎物，如鹰。

5. 涉禽

嘴、颈和后肢都比较长，脚趾也很长，适于涉水行进，不善于游泳，善于飞行，常将嘴探入水下或从地面取食，如鹭。

6. 游禽

具有扁阔或尖的嘴，脚趾间有蹼，游泳时双脚向后伸直，善于游泳、潜水和在水中取食，不善于在陆地上行走，但飞翔迅速，多生活在水上，如鸥。

## 二、生境类群

1. 灌木森林鸟类群

（1）生境。

阔叶林、针阔混交林、针叶林、竹林、灌木林以及零星的乔木。

（2）鸟类特点。

翼较短，宽而钝，能在树木与树枝间自由飞翔，趾在同一平面上（多三趾向前，一趾向后），持握能力强，在树冠、灌丛间觅食和营巢繁殖；绝大多数嗜食林区昆虫，对森林的保育有重要意义。

2. 开阔地区鸟类群

（1）生境。

旱田、稀生灌木的丘陵草坡、山顶和山脚下的草地，以及村镇及其周围种植农作物的场地。

（2）鸟类特点。

羽衣不十分艳丽，多具保护色，飞翔能力不一。

3. 水域鸟类群

（1）生境。

生长有广阔水草的池塘、河流、湖泊、水库以及山区多岩的河流。

（2）鸟类特点。

羽毛丰满而紧密，尾脂腺发达，趾间多具蹼，善于游泳和潜水，在水中掏取食物。

4. 沼泽鸟类群

（1）生境。

沼泽湿地、水田等。

（2）鸟类特点。

虽然生活在水边，但不会游泳，嘴、颈、腿、脚趾均细长，适于涉水行进，低头从水底或地面取食鱼类或其他水生生物。

5. 海洋鸟类群

（1）生境。

海洋、海岛等。

（2）鸟类特点。

翼多为极狭长形，多借助海平面剧烈的空气起伏和流动进行翱翔，食物以鱼类为主，往往在岛屿上产卵并孵化。

## 三、食性

鸟类新陈代谢特别旺盛，不仅食量大，而且食物种类繁多。按其食性，鸟类可分为三大类群。

1. 以动物性食物为主的鸟类

可分为食肉鸟类和食鱼鸟类。食肉鸟类又称为猛禽，主要以野鼠等为食。食鱼鸟类大多是水域栖息者，在大海、湖泊、河流等水域捕食鱼、虾等。

2. 以植物性食物为主的鸟类

主要以野生植物种子、植物根茎、嫩枝、叶芽、花蜜或农作物种子为食。

3. 杂食性鸟类

食物较杂，吃昆虫等，也吃野生植物种子、果实等。其食物可随季节和地域而变化。

## 四、繁殖

1. 性成熟

鸟类的性成熟大多在出生后一年，多数鸣禽及鸭类不足一岁就达到性成熟，少数热带地区食谷鸟类幼鸟经过3～5个月即可繁殖。鸥类性成熟需3年以上，鹰类需4～5年，信天翁及兀鹰需9～12年。性成熟的早晚一般与鸟类种群的年死亡率相关，年死亡率越低，性成熟越晚，繁殖的雏鸟数就越少。

2. 求偶炫耀

鸟类求偶炫耀的方式有鸣啭、鸣叫和发声，羽色展示，身体接触、舞蹈、婚飞和竞技，装饰求偶场等。鸟类的求偶炫耀主要用于吸引异性形成配偶，促使性器官发育和性行为发展同步化，以及物种识别。

3. 婚配制度

鸟类的婚配制度有单配制、一雄多雌制、一雌多雄制和混交制。

（1）单配制。

这是鸟类最普遍的婚配方式，即在一个繁殖期内，一只雄鸟与一只雌鸟形成配偶。现存鸟类中90%以上的晚成鸟和80%以上的早成鸟属于此类。

（2）一雄多雌制。

一只雄鸟可以与两只以上的雌鸟交配，但每只雌鸟只能与某一只特定的雄鸟交配。约有2%科和4%亚科的鸟类属于此类，如松鸡、环颈雉、蜂鸟及织布鸟。交配后，由雌鸟选择巢址，完成筑巢、产卵、孵化和育雏等全部繁殖活动。雄鸟不参与对后代的抚育。

（3）一雌多雄制。

一只雌鸟可以与两只以上的雄鸟交配，但每只雄鸟只能与某一只特定的雌鸟交配。这种婚配制度多出现在那些繁殖地位于沼泽环境的鸟类中，这些鸟类的繁殖生境中可利用的食物资源丰富，雌鸟连续产下几窝卵来供不同的雄鸟孵化和育雏。一雌多雄制在鸟类中比较少见，约有0.4%科和1%亚科的鸟类属于此类，已知的有共鸟科、彩鹬科、三趾鹑科、瓣蹼鹬科和雉鸻科。

（4）混交制。

这实际上是一雄多雌制和一雌多雄制的混合。在这种婚配制度下，雄鸟和雌鸟都有可能承担抚育后代的职责。如美洲鸵鸟，在繁殖季节，雄鸟间为获得一小群雌性配偶常发生激烈的竞争，获胜的雄鸟才能与该群雌鸟交配（一雄多雌制），待雄鸟筑好巢后，每只雌鸟都向这个巢产卵，一般产28枚，最多产62枚。雄鸟开始孵化，而这一小群雌鸟又去其他地方与雄鸟交配并为其产卵（一雌多雄制）。幼鸟孵化后，由雄鸟育雏。

（5）配偶关系的持久性。

鸟类配偶关系的持久性因种类不同而不同，大致可分为以下几种：①两性在交配期相遇，交配后即分开，配偶关系中止，如黑琴鸡。②两性在一起只有几天的时间或到孵化开始时分开，如美洲鸵鸟。③两性在一起几个星期或几个月，直到孵化时才分开，如大多数鸭科鸟类。④两性在一起直到幼鸟能独立活动为止，如多数雀形目鸟类。⑤两性整个繁殖季节都在一起，如家燕等。⑥终生配偶，如企鹅、天鹅、雁、鹳、鹤、鹰、鸮、鹦鹉、乌鸦、喜鹊及山雀等。普通鸟类每年繁殖一窝，少数鸟类如麻雀、文鸟、家燕等一年繁殖多窝。在食物丰富、气候适宜的年份，鸟类繁殖的窝数和每窝的卵数均可增多，一些热带地区的食谷鸟类几乎终年繁殖。

4. 占区

鸟类在繁殖期常各自占有一定的领域，不许其他鸟类（尤其是同种鸟类）侵入，这种现象称为占区。所占有的一块领地称为领域。占区、求偶炫耀和配对是有机地结合在一起的，占区成功的雄鸟也是求偶炫耀的胜利者。占区的生物学意义主要表现在以下几方面：①保证营巢鸟类能在离巢最近的区域内获得充分的食物供应。飞行能力较弱的、食物资源不够丰富和稳定的、以昆虫及花蜜为食的鸟类，对领域的保卫最有力。②调节营巢地区鸟类种群的密度和分布，以便有效地利用自然资源。分布不过分密集也可减少疾病的传播。③减少其他鸟类对配对、筑巢、交配以及孵卵、育雏等活动的干扰。④对附近参加繁殖的同种鸟类的心理产生影响，起着社会性的兴奋作用。

领域的大小可从几平方公里到几万平方公里，一些雀形目鸟类的领域约为几百平方米。领域的大小是可变的，在营巢的适宜地域有限、种群密度相对较大的情况下，领域可被其他鸟类“压缩”或“分隔”而缩小。

5. 筑巢

鸟巢的主要功能：①使卵不致滚散，能被亲鸟孵化；②保温；③使卵及雏鸟免遭天敌伤害。

鸟巢主要有以下四种类型：

（1）地面巢。

除某些雀形目鸟类（如百灵、柳莺）也可在地表编织精巧的巢外，地面巢是低等地栖或水栖鸟类（鸵鸟、企鹅以及大部分陆禽、游禽、涉禽）的典型巢式。巢的结构简陋，卵色与环境极相似，孵卵鸟类也具同样的保护色。

（2）水面浮巢。

某些游禽及涉禽能将水草弯折并编成厚盘状，做成可漂浮于水面的鸟巢。这类鸟巢可随水面升降。

（3）洞巢。

一些猛禽、攀禽及少数雀形目鸟类将卵产于树洞或其他裂隙中。洞穴的位置、结构与鸟类的生活习性有密切关系。其中较低等的种类都不再附加巢材，产白色卵。雀形目鸟类则于洞中置以复杂的巢材，所产的卵颜色也多样。

（4）编织巢。

还有一种鸟巢是以树枝、草茎或毛、羽等编织而成的。低等鸟类（如鸠鸽目、鹭类、猛禽）的巢型简陋，雀形目鸟类则能编成各种形状（如皿状、球状、瓶状）的精致鸟巢。我国以造巢著名的鸟类有织布鸟和缝叶莺。前者将植物纤维如织布般地穿梭编织成瓶状巢；后者以植物纤维贯穿大型树叶的侧缘而缝合成悬于树梢的兜状巢。

6. 产卵与孵化

每种鸟在巢内所产的满窝卵数目称为窝卵数。窝卵数在同种鸟类中是稳定的。一般来说，对卵和雏鸟的保护越完善、成活率越高的，窝卵数越少。就同一种鸟而言，热带比温带的窝卵数少，食物丰盛年份比食物稀缺年份的窝卵数多。此外，窝卵数也与孵卵亲鸟腹部的孵卵斑所能掩盖的数目有关。

多数种类由雌鸟孵卵，如伯劳、鸭及鸡类等；也有由雌鸟、雄鸟轮流孵卵的，如黑卷尾、鸽、鹤及鹳等；少数种类由雄鸟孵卵，如鹂鹋、三趾鹑等。雄鸟担任孵卵者，其

羽色暗褐或似雌鸟。鸟类孵卵时的卵温为34.4℃～35.4℃。孵卵早期，卵外温度高于卵内温度；至胚胎发育晚期，卵内温度略高于卵外温度。

每种鸟的孵卵期通常是稳定的，一般大型鸟的孵卵期较长，如鹰类为29～55天，信天翁为63～81天，家鸽为18天，家鸡为21天，家鸭为28天，鹅为31天；小型鸟的孵卵期较短，如雀形目鸟类多为10～15天。

7. 育雏

胚胎完成发育后，雏鸟即借助嘴尖部临时着生的角质突起——卵齿将壳啄破而出。雏鸟分为早成雏和晚成雏。早成雏于孵出时即已充分发育，被有密绒羽，眼已张开，腿脚有力，待绒羽干后即可随亲鸟觅食。大多数地栖鸟类和游禽的雏鸟为早成雏。晚成雏出壳时尚未充分发育，体表光裸或微具稀疏绒羽，眼不能睁开，须由亲鸟衔虫饲喂，继续在巢内完成后期发育才能逐渐独立生活。雀形目和攀禽、猛禽以及一部分游禽（体躯大而凶猛的种类，如鹈鹕、信天翁）的雏鸟为晚成雏。

## 五、迁徙

### （一）迁徙的概念

在每年的春季和秋季，鸟类在越冬地和繁殖地之间进行的定期、集群、沿着一定方向飞迁的习性称为迁徙。

### （二）按迁徙习性进行的分类

鸟类按迁徙习性可分为留鸟、候鸟和迷鸟。

1. 留鸟

终年栖息于同一地区，不进行远距离迁徙的鸟类称为留鸟。

2. 候鸟

在春、秋两季沿着较稳定的路线，在繁殖地和越冬地之间进行迁徙的鸟类称为候鸟。根据其在某一地区的旅居情况，候鸟可以分为夏候鸟、冬候鸟、旅鸟、漂鸟。

3. 迷鸟

在迁徙过程中，由于狂风或其他气候因子骤变，漂离通常的迁徙路径或栖息地偶然到异地的鸟类称为迷鸟。

（三）鸟类迁徙的原因

1. 生态原因

鸟类和其他动物一样，一般贪图安逸和舒适的生活，在不得已的情况下才进行改变。迁徙是一种冒险行为，如果迁徙带来的危险大于严冬带来的危险，鸟类会选择留在繁殖地；反之，则趋向于迁徙。因此，迁徙的原因是环境压力，其动机可能是外界环境条件的恶化。

季节性气候变化是最主要的生态原因。北方夏季为鸟类繁殖提供了最适宜的环境条件，食物丰富，光照时间长，有充分的时间进行育雏活动，有利于雏鸟的存活和生长。北方冬季气候恶劣，食物缺乏，鸟类为了生存不得不离开繁殖地到南方越冬。南方夏季炎热、季风、多雨等，不适于鸟类进行繁殖活动，迫使它们返回北方繁殖。这种季节性的气候变化每年周期性地发生，鸟类这种回归性要求被保留在遗传记忆中，成为鸟类的本能。

季节性气候变化对鸟类迁徙的影响与食物密切相关，但不认为迁徙是鸟类对食物条件恶化的简单反应，因为有些鸟类的迁徙发生在食物条件恶化之前，如家燕、鹟类、莺类繁殖之后，在盛夏中期、天气温暖、食物丰富时就开始南迁了。

2. 生理原因

神经内分泌等生理活动对于有机体的生理机能具有重要的影响，鸟类迁徙很大程度上依赖于内部的刺激。事实证明，肾上腺分泌的皮质激素和脑下垂体分泌的催乳激素与诱发迁徙直接相关，而这些激素的分泌与光照时间长短有密切的关系：光照时间增长，激素分泌增加，生殖腺发育，鸟类北迁；光照时间缩短，激素分泌减少，生殖腺萎缩，鸟类南迁。

3. 历史原因

鸟类迁徙起源于新生代第四纪的冰川期，当时北半球冰川南袭，北方天气寒冷，影响了鸟类的生存，迫使鸟类离开故乡，向南方适于生存的环境迁徙，此后冰川向北退缩，鸟类便在夏季向北迁徙。随着冰川周期性南侵北退，鸟类形成周期性的南北迁徙，经过长期的历史发展过程，鸟类逐渐形成了迁徙的本能。

冰川对鸟类的迁徙产生了巨大的影响，但并非其真正的原因，因为在没有冰川的地方，尤其是热带和亚热带，也有迁徙的现象存在。

（四）鸟类迁徙的距离、速度和飞行高度

1. 距离

鸟类迁徙的距离差别较大，短的有数百公里，长的可达上万公里。迁徙距离最长的是北极燕鸥，其繁殖地在北极地区，越冬地在南极地区。

2. 速度

迁徙速度指迁徙中的平均速度。多数鸟类的迁徙速度为30～70千米/小时，海洋鸟类的迁徙速度相对较快。雷达测定百慕大地区飞越大西洋的鸟类平均速度为67千米/小时。迁徙距离长的鸟类，平均每天飞行距离为150～200千米；迁徙距离短的鸟类，平均每天飞行距离不超过100千米。

多数鸟类春季的迁徙速度比秋季快，如在新西兰越冬的斑尾塍鹬，春季从越冬地飞往阿拉斯加和西伯利亚东部的繁殖地仅需1～1.5个月，秋季回迁则需2～3个月。

3. 飞行高度

鸟类迁徙的飞行高度一般低于1000米，小型鸣禽迁徙的飞行高度不超过300米，大型鸟类可达到3000～6300米，个别种类可飞越9000米。一般夜间迁徙的鸟类飞行高度低于白天迁徙的鸟类，如用雷达和望远镜观察夜间飞越墨西哥海湾的候鸟，其飞行高度为244～488米，而白天为1220～1524米。鸟类迁徙的飞行高度还与天气情况有关：天气晴朗，在高空飞行；有云雾或逆风时，则降至低空飞行。如雨燕在晴天的飞行高度为

2300～3600米，在阴天约为700米。

（五）我国候鸟的迁徙路径

1. 西部候鸟迁徙区

包括内蒙古西部干旱草原以及甘肃、青海、宁夏等地的干旱或荒漠、半荒漠草原地带和高山草甸草原等生境中的夏候鸟。其迁徙路线沿阿尼玛卿、巴颜喀拉、邛崃等山脉向南，沿横断山脉至四川盆地、云贵高原甚至印度越冬。

2. 中部候鸟迁徙区

包括内蒙古东部、中部草原，华北西部地区及陕西地区繁殖的候鸟。冬季可沿太行山、吕梁山越过秦岭和大巴山进入四川盆地，以及经过大巴山东部到华中或更南的地区越冬。

3. 东部候鸟迁徙区

包括东北地区、华北东部繁殖的候鸟，如鸳鸯、中华秋沙鸭、鸻鹬类等。可沿海岸向南迁飞至华中或华南地区，甚至迁飞到东南亚各国，或由海岸直接到日本、马来西亚、菲律宾及澳大利亚等国越冬。

除此之外，还有冬季由蒙古、俄罗斯迁来我国越冬的部分冬候鸟，如黑雁、蒙古沙鸻、太平鸟等。

## 第三节　野外观赏和招引鸟类的技巧

观鸟是人类在山林、原野、海滨、湖沼、草地等各种环境中，在不影响鸟类正常活动的前提下，去欣赏鸟类的美，并观察它们的外形姿态、取食方式、食物构成、繁殖行为、迁徙特点和所栖息的环境等，了解鸟类与自然环境的关系以及人类与鸟类的关系。在欣赏鸟类绚丽多彩的羽毛、多姿多态的形体、婉转动听的鸣唱和活泼可爱的行为的同

时，我们不仅了解了大自然，还将自身融入了大自然，感受着大自然给予我们的无限欢欣和愉悦。观鸟，就要到能看到鸟的各种自然环境中去，要走路、爬山、钻树林、过河流。对生活在快节奏环境中的城市居民来说，观鸟不仅可以呼吸清新空气，锻炼身体，还能缓解疲劳，可达到放松神经、健身娱乐的效果。

欧美地区的观鸟活动开展得较早。1934年，美国的彼得森（R. T. Peterson）出版了《鸟类野外观察指南》（*A Field Guide to the Birds*），为成千上万的读者打开了通往奇妙的自然界的方便之门。近些年在一些发达国家和地区，观鸟活动已经蔚然成风，英国、德国、法国每年有数百万人参加观鸟活动。在我国，群众性的观鸟组织也陆续开展了丰富多彩的观鸟活动。

## 一、观鸟前的准备

观鸟并不是什么难事，也不需要准备复杂的设备，一般只需准备一架适用的望远镜和一本鸟类图鉴就可以了。

### （一）望远镜

由于鸟类比较敏感，观鸟时不能离得太近，因此双筒或单筒望远镜是观察鸟类的必备工具。特别是在湿地、湖泊、沙漠、海岸等地势平坦开阔，很少有天然隐蔽物的地方，要接近所观察的鸟是很困难的，要识别鸟的品种和统计鸟的数量就必须使用双筒或单筒望远镜。

1. 双筒望远镜的主要结构

（1）物镜：因为观察时它朝向被观察物体，所以称为物镜。

（2）目镜：安装在镜筒的上端，因为观察时它靠近观察者的眼睛，所以称为目镜。

（3）镜筒：由金属制成的圆筒，上端连着目镜，下端连着物镜。

（4）调焦手轮：安装在两个镜筒之间，用来调节物镜与被观察物体之间的距离，使人能看清物体。

（5）视差调节环：安装在右目镜上，供左、右眼视力有差异的人调整视差时使用。

2. 望远镜的主要技术参数

所有望远镜在镜身上都标有该望远镜的技术数据，如8 × 30，第一个数字表示倍数，第二个数字表示物镜的直径（单位是毫米）。有些还标有其他字样，如7.1° 表示该望远镜的视角为7.1°，100M/1000M表示该望远镜的使用者在离被观察物体1000米远的地方所能看到的视野范围是100米宽。倍数是表示望远镜放大能力的参数。如用一架放大本领为8倍的望远镜观看一只相距800米的鸟时，可以使人眼观察的视角扩大为原来的8倍，这相当于鸟到观察者的距离缩短为实际距离的1/8，这时观察者就会感觉像是在距鸟100米处看到的一样。一般双筒望远镜的倍数为6 ~ 15，它们视野宽，体积较小，重量轻，便于近距离观察鸟类，适合在行走及在树林中使用。通常单筒望远镜的倍数为20 ~ 60，它们体积较大，使用时要用三脚架固定，机动性较差，适合观察远距离、能长时间停留在一处的鸟。

3. 望远镜的使用

不同的人视力和瞳距会有一定的差异，同一个人两只眼睛的视力也可能有差别，望远镜的设计者充分考虑了这些因素，使望远镜能灵活地调节，以适应不同人的需要。下面简单介绍望远镜的调节方法。

（1）调节两目镜间的距离。

每个人两眼之间的距离都不同，所以首先要使两目镜能对准自己的双眼。具体做法：用双手各握双筒望远镜的一只镜筒，扳折两镜筒直到双眼视野重合为一个清晰的影像为止，即表示两目镜间的距离适中。

（2）调节焦距。

首先闭右眼，用左眼通过望远镜左目镜对准事先选好的一个静止物体（如树、电线

杆等），慢慢转动调焦手轮至目标看得最清晰为止。然后闭左眼，用右眼通过望远镜右目镜对准同一物体，慢慢旋转视差调节环，直至同一目标看得最清晰为止。睁开左眼，此时双眼所看到的影像都非常清晰，望远镜已按观察者的视力调节完毕。看不同物体时，只要睁开双眼，接近目镜，旋转调焦手轮即可。如果观察者两眼的视力相同，只需将视差调节环调节到“0”的标记即可。戴眼镜的观鸟者应将目镜上的橡胶遮光罩向外翻折，以缩短眼睛与望远镜目镜之间的距离，使影像更清晰。

（3）端正姿势，选好参考目标。

经常使用望远镜的人，一发现鸟，拿起望远镜马上就能将鸟摄入视野；初学者在发现鸟后，举起望远镜却往往找不到鸟在哪儿，甚至有时会出现头晕的现象，这主要是因为望远镜握持不稳固，眼睛与目镜之间的距离不对。正确的握持方法应该是用双手紧握镜筒，手臂和胳膊呈“八”字形将望远镜平举在眼前，用食指调节调焦手轮，眉骨与目镜的遮光罩紧紧相连，直到通过望远镜观察感到舒适为止。初学者发现鸟后，先不要急于用望远镜观看，应先看准鸟的位置，查看鸟的附近是否有较明显的物体，如一段树枝、一块突出的岩石或一丛花草等，把它们作为参考目标，记住它们与鸟的位置关系，然后用望远镜找到参考目标，再按其与鸟的位置关系找鸟。用这种方法经过多次练习，就能很快地找到鸟了。

（二）鸟类图鉴

除了望远镜以外，还应有一本实用的鸟类图鉴，它可以帮助观鸟者认识鸟。鸟类图鉴中的图片有彩色照片和手绘图片两种。彩色照片可以较生动地记录鸟的形态和鸟所栖息的环境。手绘图片可以突出鸟的鉴别特征。

目前我国出版的鸟类图鉴主要有《中国鸟类野外手册》《中国鸟类图鉴》《北京野鸟图鉴》《四川鸟类原色图鉴》《广东鸟类彩色图鉴》《中国香港及华南鸟类野外手册》等。

（三）文具、纸张

在观鸟时还应及时记录一些观测情况，需要准备一个小笔记本和铅笔、彩色笔等。若是有组织的观鸟活动，应事先印制一些鸟类的轮廓图，观鸟时可在不同部位标注其形态特征和主要颜色。这样做有利于资料积累，也便于回去后在查找有关资料时参考。

（四）生活用品

衣服、鞋帽要得体，穿着舒适，便于活动。另外，在自然界观鸟时，穿戴的衣帽的颜色应与环境相适应。不要穿戴红色、黄色、橙色、粉红色和白色的衣帽，因为大多数鸟类对这些鲜亮的颜色非常敏感，不愿靠近，这就影响了观鸟的效果。到山林观鸟应穿长衣、长裤和高帮鞋，防止被树枝等划伤或被蚊虫及蛇咬伤。为防止突发情况的发生，还应准备一些药品。若到较远的地方观鸟，需带足食物，特别是水。若天气不好，还应预备雨具。

## 二、观鸟的时间

观鸟的时间应与鸟类的活动规律相适应。多数鸟类在日出后2小时和日落前2小时的时间段内比较活跃，所以一天中最佳的观鸟时间是在清晨和傍晚。

在我国，秋季和春季能看到更多种类和更大数量的鸟。这是因为我国，特别是我国东部地区，在许多候鸟的迁徙路线上。

另外，观鸟者应根据所要观察的对象选择不同的观察时间。留鸟在一年四季都可观察，如在上海观察白头鹎，在宝鸡观察红腹锦鸡，在北京观察红嘴蓝鹊。而观察候鸟就要选择好时间了。若观察夏候鸟，则应选在夏季，如北京的大苇莺、黄鹂、黑卷尾、金腰燕等。若观察冬候鸟，则应选在冬季。在春、秋季应观察迁徙的旅鸟。

## 三、观鸟的地点

观鸟的地点是根据需要观察的鸟类，以及所处的时间和季节来选择的。在一年四季

中，只要有适于某种鸟类生存的环境，就会看到它们。

若要观察雁、鸭和鹭等游禽和涉禽，就应选择湿地，也就是到海滨、滩涂、湖泊、河流、沼泽、稻田等环境中去。冬季的邛海是观察冬候鸟非常好的地方。丰富的鱼、蚌、虫、虾在洪水退去后留在湖中，成为一些杂食性候鸟如苍鹭、夜鹭、野鸭等的食物。茂密的水草、肥实的根茎则为天鹅、白鹤、鸿雁等以植物为主要食物的候鸟提供了丰富的食物。

若要观察林鸟，就应选择林区，特别是山地林区，随着海拔的升高，植被类型发生变化，可以看到不同种类的鸟。北京的百花山自然保护区就是个观察林鸟的好去处。黎明前人们还没起床，就能听到山林中传出红角鸮“王刚哥！王刚哥！”凄婉的鸣叫声。时而又传出“嗒，嗒，嗒……”似连敲梆子的声音，那是夜鹰在叫。黑卷尾“黎钩，卡钩”地叫个不停。天刚破晓，北红尾鸲那清爽、柔滑的鸣唱报告了一天的开始，大山雀、三道眉草鹀等也陆续开始鸣叫。起床后太阳即将露面，黄鹂那圆润的歌喉使人想起“两个黄鹂鸣翠柳”的美丽诗画。沿着山间崎岖的小路向高处走去，在阔叶林中会听到婉转美妙的鸣叫声，用望远镜望去，就会发现一种黑头、白眉、腰黄、身体腹面鸭蛋黄色的小鸟，它叫白眉姬鹟。在针叶林的树尖上站着一只橄榄绿色的小鸟在“咯介、咯介……”地高声鸣叫，它是四川柳莺。再往高处走会发现普通鳾、宝兴歌鸫、松鸦、星鸦、长尾山椒鸟。到山顶悬崖处可见到白腹毛脚燕、红嘴山鸦等，偶尔还能见到鹰、隼等猛禽。

除了以上所说的大环境外，在一些特殊的生境中也能观察到多种鸟。比如在颐和园西湖中有一个小岛，岛上有一圈10米高的围墙，墙外有许多高大的乔木，岛的四周岸边长着一些芦苇。这个小岛是治镜阁的遗址，颐和园管理处将此处开辟为鸟类保护区。在这里，一年四季都可以观鸟。特别是秋冬季节，湖面不结冰时可以看到多种野鸭、鹭类。夏季鸟类数量不多，但也有野鸭、鹭、苇莺、喜鹊、啄木鸟等在那里繁殖。

## 四、观鸟的方式

观鸟可以根据自己的需要和条件采取多种方式。一般在野外观鸟有行进中观鸟和固定在一个地点观鸟两种方式。

行进中观鸟指驱车、骑自行车、步行等在较大较平缓的林区、河湖岸边、草场等环境中观察鸟。当然，最主要是步行，既方便又适于各种环境。在鸟类经常活动的地区，选择一定的路线，沿着林间小道、田间沟渠、山涧溪流轻声漫步，细心观察。发现鸟时，仔细辨别鸟的种类，观察鸟的行为。如有同行者，还可以小声讨论，共同提高对这种鸟的认识。观察清楚后继续往前走，寻找其他鸟。

固定在一个地点观鸟指在较茂密的树林中或是在鸟巢、林间水源附近把自己隐蔽起来，用望远镜观察鸟。隐蔽时可以借助浓密的枝叶，或搭个棚子、穿上迷彩服，观察时尽量不要活动。

## 五、野外识别鸟类的依据

### （一）形态特征

1. 体型

与麻雀相似者，如文鸟、山雀、金翅雀、燕雀等；与八哥相似者，如椋鸟、乌鸫等；与喜鹊相似者，如灰喜鹊、灰树雀、红嘴山鸦、杜鹃、乌鸦等；与老鹰相似者，如鹰、隼、鹞、鵟、鸶、雕等；与鸡相似者，如松鸡、榛鸡、石鸡、竹鸡、马鸡、勺鸡、长尾雉、白鹇、鹧鸪等；与白鹭相似者，如鹭、鹳、鹤等。

2. 嘴的形状

长嘴者，如翠鸟、啄木鸟等；嘴向下弯曲者，如戴胜、杓鹬等；嘴先端膨大者，如琵嘴鸭、勺嘴鹬等；嘴呈宽而短的三角形者，如夜鹰、雨燕等。

3. 尾的形状

短尾者，如鹛鹛、鹪鹩等；长尾者，如马鸡、长尾雉、雉鸡、杜鹃、喜鹊、寿带鸟等；叉尾者，如燕鸥、雨燕、燕子、卷尾、燕尾等。

4. 腿的长短

腿特别长者，如鹭、鹳、鹤、鸨、鸻、鹬等。

（二）羽毛颜色

观察鸟类羽毛的颜色时，因逆光看好像是黑色的，容易产生错觉，故应顺光观察。除注意整体颜色外，还要在短时间内看清头、背、尾、胸等主要部位，并抓住一两个显要特征，如头颈、眉纹、眼圈、翅斑、腰羽、尾端等处的鲜艳或异样色彩。

几乎全为黑色者，如八哥、乌鸦、黑卷尾、黑水鸡、鸬鹚等；黑白两色相嵌者，如白鹡鸰、喜鹊、凤头潜鸭等；几乎全为白色者，如白鹭、朱鹮等；灰色为主者，如灰鹤、杜鹃等；灰白两色相嵌者，如苍鹭、夜鹭、白胸苦恶鸟等；以蓝色为主者，如蓝马鸡、蓝矶鸫等；以绿色为主者，如绯胸鹦鹉、绣眼鸟等；以黄色为主者，如黄鹂、黄腹山雀、黄雀等；以红色为主者，如红腹锦鸡等；以褐色或棕色为主者，如云雀、画眉、麻雀等。

（三）飞翔和停落时的姿态

对一些在空中飞翔，逆光或距离较远的鸟，这是一种有效的识别方法。

1. 飞翔姿态

波浪式前进者，如鹡鸰、鹨等；空中兜圈返回树枝者，如鹟、鹎等；鱼贯式飞行者，如红嘴蓝鹊、灰喜鹊等；长时间滑翔者，如鹰、鹞等；列队飞行者，如鸬鹚、雁、天鹅、鹤等。

2. 停落姿态

攀在树干上者，如旋木雀、啄木鸟等；尾上下摆动者，如伯劳、云雀等。

（四）鸣声

在繁殖期的鸟类，由于发情而频繁鸣啭，其鸣声因种而异，各具独特音韵，据此识别一些隐蔽在高枝密叶间而难以发现的或距离较远而不易看清的鸟类，可收到事半功倍的效果。此法对资源调查和数量统计尤为重要。在野外常听到的鸣声大致有以下几类。

1. 婉转多变

绝大多数雀形目鸟类的鸣啭韵律丰富、悠扬悦耳，但各有差异，如画眉、乌鸫、鹊鸲、八哥、白头鹎等。有的还能模仿其他鸟鸣叫，如画眉、乌鸫等。

2. 重复音节

重复一个音节的有灰喜鹊等，重复两个音节的有白胸苦恶鸟、白鹡鸰等，重复三个音节的有小鸦鹃、大山雀等，重复四个音节的有四声杜鹃等，重复五六个音节的有小杜鹃等，重复八九个音节的有冠纹柳莺等。

3. 吹哨声

响亮清晰者，如强脚树莺等；轻快如铃者，如蓝翡翠等。

4. 尖细颤抖

多为小型鸟类飞翔时发出的叫声，似摩擦金属或昆虫翅膀，既颤抖又尖细拖长，如暗绿绣眼鸟、翠鸟等。

5. 粗粝嘶哑

叫声单调、嘈杂、刺耳，如黑领椋鸟、乌鸦、伯劳等。

6. 低沉

单调轻飘者，如斑鸠等；声如击鼓者，如董鸡等。

以上几种在野外识别鸟类的方法需要结合起来灵活运用。对一些善于鸣叫的鸟类，常循其鸣声，再走近观察其形态和颜色，以确切辨认。

## 六、观鸟人守则

（1）到野外观鸟时，不要穿戴颜色鲜亮的衣帽，因鸟类视觉敏锐，容易被惊扰；应该保持安静，不要喧哗。

（2）野外观鸟要有组织地结伴而行，注意安全，同时向有经验的观鸟者学习。

（3）拍摄鸟类时采用自然光，不可使用闪光灯，以免鸟类受到惊吓。

（4）爱护环境，不攀折花木，不乱抛垃圾。

（5）尊重鸟的生存权，不要采集鸟蛋、捕捉野鸟。

（6）赏鸟是赏自然界中的野生鸟类，不赏笼中鸟。

（7）发现特别鸟种的栖息地或育雏地时，请守口如瓶，且谨记不干扰原则，勿告诉第二人，不论他是否为野鸟保护者。

（8）不可过分追逐野生鸟类，因为有些鸟可能因气候因素，体能衰弱而暂时停栖在某一地区，此时它们急需休息调养，追逐行为可能导致其死亡。

（9）遇鸟类筑巢或育雏时，切记“只可远观，不可近看”，保持适当的观赏距离，以免干扰亲鸟的行为，因为亲鸟受到干扰后有可能会弃巢。

## 七、野鸟招引

除了到自然界寻找鸟类进行观察外，还可以采取一些方法把自然界中的鸟类招引到比较适宜观察的地方。特别是在山区村庄附近的树林、院落，甚至在城镇的庭院、花园、绿地、住家的阳台上都可以把鸟招引来。首先选择人为干扰比较小的地方布置一些食物，或直接把食物撒在地面上，如稻谷、玉米等原粮或菜籽、麻子、苏子、葵花籽、稗子等鸟类喜欢吃的谷物、油料种子都能吸引鸟类前来取食。特别是在冬季食物短缺、水冻成冰的时候，放一些食物和饮水设施，能有很好的招引效果。在冬季雪后，鸟类寻食困难，在林间空地或庭院里把雪扫净，露出一块土地，然后撒上食物，不久就会有好几种鸟前来取食，观鸟者可以站在稍远的地方用望远镜认真观察。除此之外，还可以悬挂人工巢箱或为鸟类营造有利的繁殖、筑巢场所，把鸟类吸引来繁殖，然后就可以在鸟巢附近对鸟类的繁殖行为做连续观察。

# TUJIAN FENMU

# 图鉴分目

## 白翅浮鸥（*Chlidonias leucoptera*）

**鸥科**（Laridae），**浮鸥属**（*Chlidonias*）

**主要特征：**体小（23厘米）的燕鸥。尾浅开叉。繁殖期成鸟的头、背及胸黑色，与白色尾及浅灰色翼形成明显反差，翼上近白，翼下覆羽明显黑色。非繁殖期成鸟上体浅灰，头后具灰褐色杂斑，下体白。与非繁殖期须浮鸥的区别在于白色颈环较完整，头顶黑色较少，杂斑较多，黑色耳覆羽把黑色头顶与浅色腰隔开。虹膜—深褐；嘴—红色（繁殖期），黑色（非繁殖期）；脚—橙红。叫声为重复的kweek声或尖厉的kwek-kwek声。

**分布范围：**繁殖于南欧及波斯湾，横跨亚洲至俄罗斯中部及中国。冬季南迁至非洲南部，并经印度尼西亚至澳大利亚，偶至新西兰。

**分布状况：**不常见的季节性候鸟及冬候鸟。繁殖于新疆西北部天山、东北及黄河拐角处。有记录迁徙时见于中国北方。越冬于东南沿海的较大河流及台湾和海南岛。主要分布在沿海，但可能进内陆至浸水的稻田。

**习　　性：**喜沿海地区、港湾及河口，结小群活动，也至内陆稻田及沼泽觅食。取食时低低掠过水面，顺风而飞捕捉昆虫。常栖于杆状物上。

**保护级别：**三有保护鸟类　LC

## 红嘴鸥（*Larus ridibundus*）

**鸥科**（Laridae），**鸥属**（*Larus*）

**主要特征：** 中等体型（40厘米）的灰色及白色鸥。眼后具黑色点斑（冬季），嘴及脚红色，深巧克力褐色的头罩延伸至顶后，于繁殖期延伸至白色的后颈。翼前缘白色，翼尖的黑色并不长，翼尖无或微具白色点斑。第一冬的鸟尾近尖端处具黑色横带，翼后缘黑色，体羽杂褐色斑。与棕头鸥的区别在于体型较小，翼前缘白色明显，翼尖黑色，几乎无白色点斑。虹膜—褐色；嘴—红色（亚成鸟嘴尖黑色）；脚—红色（亚成鸟色较浅）。叫声为沙哑的kwar声。

**分布范围：** 繁殖于古北界。南迁至印度及东南亚越冬。

**分布状况：** 甚常见。繁殖于中国西北部天山西部地区及中国东北的湿地。大量越冬于中国东部及北纬32° 以南所有湖泊、河流及沿海地带。

**习　　性：** 在海上时，浮于水面或立于漂浮物或固定物上，或与其他海洋鸟类混群，在鱼群上作燕鸥样盘旋飞行。在陆地时，停栖于水面或地上。在有些城镇相对温驯，人们常给它们投食。

**保护级别：** 三有保护鸟类　LC

## 须浮鸥（*Chlidonias hybrida*）

**鸥科（Laridae），浮鸥属（*Chlidonias*）**

**主要特征：** 体型略小（25厘米）的浅色燕鸥。腹部深色（夏季），尾浅开叉。繁殖期额黑，胸、腹部灰色。非繁殖期额白，头顶具细纹，顶后及颈背黑色，下体白，翼、颈背、背及尾上覆羽灰色。幼鸟似成鸟，但具褐色杂斑。与非繁殖期白翅浮鸥的区别在于头顶黑，腰灰色，无黑色颊纹。虹膜—深褐；嘴—红色（繁殖期），黑色（非繁殖期）；脚—红色。叫声为沙哑断续的kitt或ki-kitt声。

**分布范围：** 繁殖于非洲南部、西古北界南部、南亚及澳大利亚。

**分布状况：** 亚种*swinhoei*为季节性候鸟，繁殖于中国东半部，冬季南迁，有些鸟在台湾越冬。

**习　　性：** 结小群活动，偶尔结大群，常至离海20千米左右的内陆，在漫水地和稻田上空觅食，取食时扎入浅水或低低掠过水面。

**保护级别：** 三有保护鸟类　LC

## 渔　鸥（*Larus ichthyaetus*）

**鸥科**（Laridae），**鸥属**（*Larus*）

**主要特征：** 体大（68厘米）的背灰色鸥。头黑而嘴近黄，上、下眼睑白色，看似巨型的红嘴鸥，但嘴厚重且色彩有异。体型与银鸥相同或略大。冬羽头白，眼周具暗斑，头顶有深色纵纹，嘴上红色大部分消失。飞行时翼下全白，仅翼尖有小块黑色并具翼镜。第一冬的鸟头白，头及上背具灰色杂斑，嘴黄而端黑，尾端黑色。虹膜—褐色；嘴—黄色，近端处具黑色及红色环带；脚—黄绿。叫声粗哑似鸦。

**分布范围：** 繁殖断断续续，从黑海至蒙古部分湖泊。越冬于地中海东部、红海至缅甸沿海及泰国西部。

**分布状况：** 甚常见于大型湖泊。繁殖于青海东部的青海湖和扎陵湖及内蒙古西部的乌梁素海。迁徙经过新疆西部、四川、甘肃、云南、西藏及珠江两岸港汊。冬候鸟偶见于香港。

**习　　性：** 栖于三角洲沙滩、内地海域及干旱平原湖泊。常在水上休息。

**保护级别：** 三有保护鸟类　LC

## 棕头鸥（*Larus brunnicephalus*）

鸥科（Laridae），鸥属（*Larus*）

**主要特征：** 中等体型（42厘米）的白色鸥。背灰，初级飞羽基部具大块白斑，黑色翼尖具白色点斑为本种识别特征。越冬鸟眼后具深褐色块斑。夏季鸟头及颈褐色。与红嘴鸥的区别在于虹膜色浅，嘴较厚，体型略大且翼尖斑纹不同。第一冬的鸟似冬季成鸟，但翼尖无白色点斑，尾尖具黑色横带。虹膜—浅黄或灰色，眼周裸皮红色；嘴—深红；脚—朱红。叫声为沙哑的gek gek声及响亮的哭叫声ko-yek ko-yek。

**分布范围：** 繁殖于亚洲中部。冬季迁徙至印度、中国、孟加拉湾及东南亚。

**分布状况：** 一般罕见，但地方性常见于繁殖地点（如青海湖）。繁殖于西藏中部及青海，也繁殖于内蒙古西部的鄂尔多斯高原。迁徙时见于中国北部及西南。有些鸟在云南西部并偶尔在香港越冬。在新疆的繁殖记录可能有误。

**习　　性：** 与其他鸥混群，栖于海上、沿海及河口地带。

**保护级别：** 四川省重点保护野生动物　三有保护鸟类　LC

## 凤头䴙䴘（*Podiceps cristatus*）

**䴙䴘科**（Podicipedidae），**䴙䴘属**（*Podiceps*）

主要特征：体大（50厘米）而外形优雅的䴙䴘。颈修长，具显著的深色羽冠。上体纯灰褐，下体近白。繁殖期成鸟颈背栗色，颈具鬃毛状饰羽。与赤颈䴙䴘的区别在于脸侧白色延伸过眼，嘴形长。虹膜—近红；嘴—黄色，下颚基部带红色，嘴峰近黑；脚—近黑。成鸟发出深沉而洪亮的叫声。雏鸟乞食时发出笛音ping-ping。

分布范围：古北界、非洲、印度、澳大利亚及新西兰。

分布状况：指名亚种为地方性常见鸟，广泛分布于较大湖泊。部分候鸟。

习　　性：繁殖期成对作精湛的求偶炫耀，两相对视，身体高高挺起并同时点头，有时嘴上还衔着植物。

保护级别：四川省重点保护野生动物　三有保护鸟类　LC

## 黑颈䴙䴘（*Podiceps nigricollis*）

**䴙䴘科**（Podicipedidae），**䴙䴘属**（*Podiceps*）

**主要特征：** 中等体型（30厘米）的䴙䴘。繁殖期成鸟具松软的黄色耳簇，耳簇延伸至耳羽后，前颈黑色，嘴较角䴙䴘上扬。冬羽与角䴙䴘的区别在于嘴全深色，且深色的顶冠延伸至眼下。颏白，延伸至眼后呈月牙形，飞行时无白色翼覆羽。幼鸟似冬季成鸟，但褐色较重，胸部具深色带，眼圈白色。虹膜—红色；嘴—黑色；脚—灰黑。繁殖期发出哀怨笛音poo-eeet及尖厉颤音。

**分布范围：** 分布不连贯，于北美洲西部、欧亚大陆至非洲、南美洲。冬季分散至北纬30° 以南地区。

**分布状况：** 指名亚种为罕见的繁殖鸟及冬候鸟。繁殖于天山西部、内蒙古及中国东北。有记录迁徙时见于中国多数地区。越冬于东南沿海及中国西南的河流。可能在云南北部洱海湖也有繁殖现象。在香港为迷鸟。

**习　　性：** 成群在淡水或咸水上繁殖。冬季结群于湖泊及沿海。

**保护级别：** 四川省重点保护野生动物　三有保护鸟类　LC

## 小䴙䴘（*Tachybapus ruficollis*）

**䴙䴘科**（Podicipedidae），**小䴙䴘属**（*Tachybapus*）

主要特征：体小（27厘米）而矮扁的深色䴙䴘。繁殖羽：喉及前颈偏红，头顶及颈背深灰褐，上体褐色，下体偏灰，具明显的黄色嘴斑。非繁殖羽：上体灰褐，下体白色。虹膜—黄色；嘴—黑色；脚—蓝灰，趾尖浅色。求偶期间相互追逐时常发出重复的高音吱叫声ke-ke-ke-ke。

分布范围：非洲、欧亚大陆、印度、中国、日本、东南亚。

分布状况：留鸟及部分候鸟，分布于中国各地。亚种*capensis*为留鸟，见于中国西北；*philippensis*于台湾；*poggei*于中国其余地方。偶尔高可至海拔2000米。

习　　性：喜清水及有丰富水生生物的湖泊、沼泽及涨过水的稻田。通常单独或成分散小群活动。繁殖期在水上相互追逐并发出叫声。

保护级别：四川省重点保护野生动物　三有保护鸟类　LC

## 普通鸬鹚（*Phalacrocorax carbo*）

**鸬鹚科**（Phalacrocoracidae），**鸬鹚属**（*Phalacrocorax*）

**主要特征：** 体大（90厘米）的鸬鹚。有偏黑色闪光，嘴厚重，脸颊及喉白色。繁殖期颈及头饰以白色丝状羽，两胁具白色块斑。亚成鸟深褐色，下体污白。虹膜—蓝色；嘴—黑色，下嘴基部裸露皮肤黄色；脚—黑色。繁殖期发出带喉音的咕哝声。其余时候无声。

**分布范围：** 北美洲东部沿海、欧洲、俄罗斯南部、西伯利亚南部、非洲西北部及南部、中东、亚洲中部、印度、中国、东南亚、澳大利亚、新西兰。

**分布状况：** 部分鸟为季节性候鸟。繁殖于中国各地的适宜环境。大群聚集于青海湖。迁徙经中国中部至南方省份越冬。于繁殖地常见，其他地点罕见。大群在香港的米埔越冬，部分鸟整年留在那里。

**习　　性：** 繁殖于湖泊中的砾石小岛或沿海岛屿。在水里追逐鱼类。游泳时似其他鸬鹚，半个身子在水下，常停栖在岩石或树枝上晾翼。飞行呈“V”字队形或直线队形。中国有些渔民捕捉此鸟并训练它们捕鱼。

**保护级别：** 四川省重点保护野生动物　三有保护鸟类　LC

## 白　鹭（*Egretta garzetta*）

**鹭科**（Ardeidae），**白鹭属**（*Egretta*）

**主要特征：** 中等体型（60厘米）的白色鹭。与牛背鹭的区别在于体型较大而纤瘦，嘴及腿黑色，趾黄色，繁殖羽纯白，颈背具细长饰羽，背及胸具蓑状羽。脸部裸露皮肤黄绿，于繁殖期为浅粉。虹膜—黄色；嘴—黑色；腿及脚—黑色，趾黄色。于繁殖巢群中发出呱呱叫声。其余时候寂静无声。

**分布范围：** 非洲、欧洲、亚洲及大洋洲。

**分布状况：** 指名亚种为常见的留鸟及候鸟，分布于中国南方。迷鸟有时至北京。部分鸟冬季迁徙至热带地区。

**习　　性：** 喜稻田、河岸、沙滩、泥滩及沿海小溪流。成分散小群进食，常与其他种类混群。有时飞越沿海浅水追捕猎物。夜晚飞回栖处时呈“V”字队形。与其他水鸟一道集群营巢。

**保护级别：** 三有保护鸟类　LC

## 彩 鹮（*Plegadis falcinellus*）

**鹮科**（Threskiornithidae），**彩鹮属**（*Plegadis*）

主要特征：体型略小（60厘米）的深栗色带闪光的鹮。看似大型的深色杓鹬，上体具绿色及紫色光泽。虹膜—褐色；嘴—近黑；脚—绿褐。叫声为带鼻音的咕哝声。于巢区发出咩咩及咕咕的叫声。

分布范围：全世界。

分布状况：是否在中国有繁殖尚不肯定。偶见于长江下游及东南部的湖泊周围。

习　　性：结小群栖居沼泽、稻田及漫水草地。夜晚呈直线排列或编队飞回共栖处。与白鹭及苍鹭混群营巢。

保护级别：国家二级保护动物　LC

## 苍　鹭（*Ardea cinerea*）

鹭科（Ardeidae），鹭属（*Ardea*）

**主要特征：** 体大（92厘米）的白、灰及黑色鹭。成鸟过眼纹及羽冠黑色，飞羽、翼角及两道胸斑黑色，头、颈、胸及背白色，颈具黑色纵纹，余部灰色。幼鸟头及颈灰色较重，但无黑色。虹膜—黄色；嘴—黄绿；脚—偏黑。叫声为深沉的喉音呱呱声kroak及似鹅的叫声honk。

**分布范围：** 非洲、欧亚大陆、朝鲜、日本至菲律宾及巽他群岛。

**分布状况：** 地方性常见的留鸟，分布于中国全境的适宜生态环境。冬季北方鸟南迁至华南及华中。

**习　　性：** 性孤僻，在浅水中捕食。冬季有时结大群。飞行时翼显沉重。停栖于树上。

**保护级别：** 三有保护鸟类　LC

## 池　鹭（*Ardeola bacchus*）

**鹭科**（Ardeidae），**池鹭属**（*Ardeola*）

**主要特征：** 体型略小（47厘米）、翼白色、身体具褐色纵纹的鹭。繁殖羽：头及颈深栗色，胸紫酱色。冬季站立时具褐色纵纹，飞行时体白而背部深褐。虹膜—褐色；嘴—黄色（冬季）；腿及脚—绿灰。通常无声。争吵时发出低沉的呱呱叫声。

**分布范围：** 孟加拉国至中国及东南亚。越冬于马来半岛、中南半岛及大巽他群岛。迷鸟至日本。

**分布状况：** 常见于华南、华中及华北地区的水稻田。偶见于西藏南部及东北低洼地区。迷鸟至台湾。

**习　　性：** 栖于稻田或其他漫水地带，单独或成分散小群进食。每晚三两成群飞回群栖处，飞行时振翼缓慢，翼显短。与其他水鸟混群营巢。

**保护级别：** 三有保护鸟类　LC

## 大白鹭（*Casmerodius albus*）

**鹭科**（Ardeidae），**大白鹭属**（*Casmerodius*）

**主要特征：** 体大（95厘米）的白色鹭。比其他白色鹭体型大许多，嘴较厚重，颈部具特别的扭结。繁殖羽：脸颊裸露皮肤蓝绿色，嘴黑，腿部裸露皮肤红色，脚黑。非繁殖羽：脸颊裸露皮肤黄色，嘴黄而嘴端常为深色，脚及腿黑色。虹膜—黄色。告警时发出低声的呱呱叫kraa。

**分布范围：** 全世界。

**分布状况：** 于繁殖区为地方性常见，其余地区则罕见。指名亚种繁殖于黑龙江及新疆西北部，迁徙经中国北部至西藏南部越冬；*modesta*繁殖于河北至吉林、福建及云南东南部，在中国南方越冬。

**习　　性：** 一般单独或结小群，在湿润或漫水的地带活动。站姿甚高直，从上方往下刺戳猎物。飞行姿态优雅，振翅缓慢有力。

**保护级别：** 三有保护鸟类　LC

## 黄苇鳽（*Ixobrychus sinensis*）

**鹭科**（Ardeidae），**苇鳽属**（*Ixobrychus*）

主要特征：体小（32厘米）的皮黄色及黑色苇鳽。成鸟顶冠黑色，上体浅黄褐色，下体皮黄，黑色的飞羽与皮黄色的覆羽形成强烈对比。亚成鸟似成鸟，但褐色较重，全身满布纵纹，两翼及尾黑色。虹膜—黄色，眼周裸露皮肤黄绿；嘴—绿褐；脚—黄绿。通常无声。飞行时发出略微刺耳的断续轻声kakak kakak。

分布范围：印度、东亚至菲律宾、密克罗尼西亚及苏门答腊。冬季迁徙至印度尼西亚及新几内亚。

分布状况：常见的湿地鸟。繁殖于中国东北至华中及西南、台湾和海南岛。越冬于热带地区。

习　　性：喜河湖港汊地带的河流及水道边的浓密芦苇丛，也喜稻田。

保护级别：三有保护鸟类　LC

## 绿　鹭（*Butorides striatus*）

**鹭科**（Ardeidae），**绿鹭属**（*Butorides*）

**主要特征：**体小（43厘米）的深灰色鹭。成鸟顶冠及松软的长羽冠闪绿黑色光泽，一道黑色线从嘴基部过眼下及脸颊延伸至枕后。两翼及尾青蓝色并具绿色光泽，羽缘皮黄色。腹部粉灰，颏白。雌鸟体型比雄鸟略小。幼鸟具褐色纵纹。虹膜—黄色；嘴—黑色；脚—偏绿。告警时发出响亮具爆破音的kweuk声，也发出一连串的kee-kee-kee-kee声。

**分布范围：**美洲、非洲、印度、中国、东北亚及东南亚、澳大利亚。

**分布状况：**亚种*amurensis*繁殖于中国东北，冬季迁徙至南方沿海地区；*actophilus*在华南及华中甚常见；*javanicus*甚常见于台湾及海南岛。

**习　　性：**性孤僻羞怯。栖于池塘、溪流及稻田，也栖于芦苇地、灌丛或红树林等有浓密覆盖的地方。结小群营巢。

**保护级别：**四川省重点保护野生动物　三有保护鸟类　LC

## 牛背鹭（*Bubulcus ibis*）

**鹭科**（Ardeidae），**牛背鹭属**（*Bubulcus*）

**主要特征：** 体型略小（50厘米）的白色鹭。繁殖羽：体白，头、颈、胸沾橙黄，虹膜、嘴、腿及眼先短期呈亮红色，余时橙黄。非繁殖羽：体白，仅部分鸟额部沾橙黄。与其他鹭的区别在于体型较粗壮，颈较短而头圆，嘴较短厚。虹膜—黄色；嘴—黄色；脚—暗黄至近黑。于巢区发出呱呱叫声。其余时候寂静无声。

**分布范围：** 北美洲东部、南美洲中部及北部、伊比利亚半岛至伊朗、印度至中国南方、日本南部、东南亚。

**分布状况：** 甚常见于中国南方的低洼地区。夏候鸟偶尔至北京。

**习　　性：** 与家畜及水牛关系密切，捕食家畜及水牛从草地上引来或惊起的苍蝇。傍晚结小群列队低飞过有水地区回到群栖地点。结群营巢于水上。

**保护级别：** 三有保护鸟类　LC

## 夜　鹭（*Nycticorax nycticorax*）

**鹭科**（Ardeidae），**夜鹭属**（*Nycticorax*）

**主要特征：** 中等体型（61厘米）、头大而体壮的黑白色鹭。成鸟顶冠黑色，颈及胸白色，颈背具两条白色丝状羽，背黑色，两翼及尾灰色。雌鸟体型较雄鸟小。繁殖期腿及眼先红色。亚成鸟具褐色纵纹及点斑。虹膜—亚成鸟黄色，成鸟鲜红；嘴—黑色；脚—污黄。飞行时发出深沉喉音wok或kowak-kowak，受惊扰时发出粗哑的呱呱叫声。

**分布范围：** 美洲、非洲、欧洲至日本、印度、东南亚。

**分布状况：** 地方性常见于华东、华中及华南的低地，近年来在华北亦常见。冬季迁徙至中国南方沿海及海南岛。

**习　　性：** 白天群栖于树上休息。黄昏时鸟群分散进食，发出深沉的呱呱叫声。取食于稻田、草地及水渠两旁。结群营巢于水上悬枝，甚喧哗。

**保护级别：** 三有保护鸟类　LC

## 中白鹭（*Mesophoyx intermedia*）

**鹭科**（Ardeidae），**中白鹭属**（*Mesophoyx*）

主要特征：体大（69厘米）的白色鹭。体型大小在白鹭与大白鹭之间，嘴相对短，颈呈“S”形。繁殖羽：背及胸部有松软的长丝状羽，嘴及腿短期呈粉红色，脸部裸露皮肤灰色。虹膜—黄色；嘴—黄色，端褐；腿及脚—黑色。甚安静。受惊起飞时发出粗喘声kroa-kr。

分布范围：非洲、印度、东亚至大洋洲。

分布状况：甚常见于中国南方的低洼潮湿地区。指名亚种为留鸟，见于长江流域及东南部；见于云南南部的鸟被归为尚有争议的亚种*palleuca*。漂鸟见于黄河流域。

习　　性：喜稻田、湖畔、沼泽、红树林及沿海泥滩。与其他水鸟混群营巢。

保护级别：四川省重点保护野生动物　三有保护鸟类　LC

## 紫背苇鳽（*Ixobrychus eurhythmus*）

**鹭科**（Ardeidae），**苇鳽属**（*Ixobrychus*）

**主要特征：** 体小（33厘米）的深褐色苇鳽。雄鸟头顶黑色，上体紫栗色，下体具皮黄色纵纹，喉及胸有深色纵纹形成的中线。雌鸟及亚成鸟褐色较重，上体具黑白色及褐色杂点，下体具纵纹。飞行时翼下灰色为本种特征。虹膜—黄色；嘴—绿黄；脚—绿色。飞行时发出低声呱呱叫。

**分布范围：** 繁殖于西伯利亚东南部、中国东部、朝鲜及日本。越冬南迁至东南亚。

**分布状况：** 不罕见。繁殖于黑龙江经中国东部及中部至云南、广东。迁徙经过海南岛及台湾。

**习　　性：** 性孤僻羞怯。喜芦苇地、稻田及沼泽。

**保护级别：** 四川省重点保护野生动物　三有保护鸟类　LC

## 白眼潜鸭（*Aythya nyroca*）

鸭科（Anatidae），潜鸭属（*Aythya*）

**主要特征：** 中等体型（41厘米）的全深色鸭。仅眼及尾下覆羽白色。雄鸟头、颈、胸及两胁深栗色，眼白色。雌鸟暗烟褐色，眼色浅。侧看头部羽冠高耸。飞行时，飞羽为白色带狭窄黑色后缘。雄雌两性与雌凤头潜鸭的区别在于尾下覆羽白色（有时也见于雌凤头潜鸭），头形有异，缺少头顶羽冠，嘴上无黑色次端带。与青头潜鸭的区别在于两胁少白色。虹膜—雄鸟白色，雌鸟褐色；嘴—蓝灰；脚—灰色。求偶期雄鸟发出哨音wheeoo，雌鸟发出粗哑的gaaa声。其余时候少叫。

**分布范围：** 古北区。越冬于非洲、中东、印度及东南亚。

**分布状况：** 地方性常见至罕见。繁殖于新疆西部、内蒙古的乌梁素海及新疆南部的零散湖泊，也可能于中国西部的一些地方。越冬于长江中游地区、云南西北部。迁徙时见于其他地区。迷鸟至河北及山东。

**习　　性：** 栖居于沼泽及淡水湖泊。冬季也活动于河口及沿海潟湖。怯生谨慎，成对或结小群。

**保护级别：** 三有保护鸟类　NT

## 斑背潜鸭（*Aythya marila*）

**鸭科**（Anatidae），**潜鸭属**（*Aythya*）

**主要特征：** 中等体型（48厘米）的体矮型鸭。雄鸟体比凤头潜鸭长，背灰，无羽冠。雌鸟与雌凤头潜鸭的区别在于嘴基部有一宽白色环。与小潜鸭甚相像，但体型较大且无小潜鸭的短羽冠。飞行时不同于小潜鸭之处在于初级飞羽基部为白色。虹膜—黄色略白；嘴—灰蓝；脚—灰色。求偶炫耀时雄鸟发出咕咕轻声及哨音，雌鸟回声生硬粗哑。其余时候极安静。

**分布范围：** 全北界。繁殖于亚洲北部。越冬于温带沿海水域。

**分布状况：** 罕见的冬候鸟。迁徙时见于黄海地区。在中国东南部越冬。

**习　　性：** 多在沿海水域或河口活动，有时光顾淡水湖泊。合群且以群栖居。

**保护级别：** 三有保护鸟类　LC

## 斑头雁（*Anser indicus*）

**鸭科**（Anatidae），**雁属**（*Anser*）

主要特征：体型略小（70厘米）的雁。顶白而头后有两道黑色条纹为本种特征。喉部白色延伸至颈侧。头部黑色图案在幼鸟时为浅灰色。飞行中上体均为浅色，仅翼部狭窄的后缘色深，下体多为白色。虹膜—褐色；嘴—鹅黄，端黑；脚—橙黄。飞行时发出典型雁叫声，声音为低沉鼻音。

分布范围：繁殖于亚洲中部。在印度北部及缅甸越冬。

分布状况：繁殖于中国极北部及青海、西藏的沼泽及高原泥淖。冬季迁徙至中国中部及西藏南部。

习　　性：耐寒冷荒漠碱湖的雁类。越冬于淡水湖泊。

保护级别：三有保护鸟类　LC

## 斑嘴鸭（*Anas poecilorhyncha*）

**鸭科**（Anatidae），**河鸭属**（*Anas*）

主要特征：体大（60厘米）的深褐色鸭。头色浅，顶及眼线色深，嘴黑而端黄且于繁殖期黄色嘴端顶尖有一黑点为本种特征。喉及颊皮黄。亚种 *zonorhyncha*有过颊的深色纹，体羽更黑。深色羽带浅色羽缘，使全身体羽呈浓密扇贝形。翼镜在*zonorhyncha*亚种为金属蓝色，在*haringtoni*亚种为金属绿紫色，后缘多有白带。白色的三级飞羽停栖时有时可见，飞行时甚明显。两性同色，但雌鸟较暗淡。虹膜—褐色；嘴—黑色，端黄；脚—珊瑚红。雌鸟叫声似家鸭，音调往往连续下降。雄鸟发出粗声的kreep。

分布范围：印度、缅甸、东北亚及中国。

分布状况：广泛分布，相当常见。亚种*zonorhyncha*繁殖于中国东部，冬季迁徙至长江以南地区；*haringtoni*为留鸟，见于云南南部及西南部、广东及香港。

习　　性：栖于湖泊、河流及沿海红树林和潟湖。

保护级别：三有保护鸟类　LC

## 长尾鸭（*Clangula hyemalis*）

**鸭科**（Anatidae），**长尾鸭属**（*Clangula*）

**主要特征：** 冬季雄鸟为中等体型（58厘米）的灰、黑及白色鸭。中央尾羽特形延长，胸黑，颈侧有大块黑斑。冬季雌鸟褐色而头、腹部白。顶盖黑色，颈侧有黑斑。飞行时黑色翼下羽及白色腹部的搭配特别显眼。雄鸟胸部的黑色块斑为本种特征。虹膜—暗黄；嘴—雄鸟灰且近端处有粉红色带，雌鸟灰色；脚—灰色。雄鸟在炫耀时叫声相当嘈杂，发出假嗓的ow-ow-ow-lee...caloo caloo大叫。雌鸟发出多变、低弱的呱呱叫声。

**分布范围：** 全北界。

**分布状况：** 非常罕见的冬候鸟。越冬于河北、长江中游及福建。

**习　　性：** 冬季栖于沿海浅水区，少见于淡水中。潜水觅食。散乱低飞于水面。

**保护级别：** 三有保护鸟类　VU

## 赤膀鸭（*Anas strepera*）

**鸭科（Anatidae），河鸭属（*Anas*）**

**主要特征：** 雄鸟为中等体型（50厘米）的灰色鸭。头棕，尾黑，次级飞羽具白斑及腿橘黄为本种主要特征。比绿头鸭稍小，嘴稍细。雌鸟似雌绿头鸭，但头较扁，嘴侧橘黄，腹部及次级飞羽白色。虹膜—褐色；嘴—繁殖期雄鸟灰色，其他时候橘黄色，但中部灰色；脚—橘黄。除求偶期外都不出声。雄鸟发出短的nheck声及低哨音。雌鸟重复发出比绿头鸭音高的gag-ag-ag-ag-ag声。

**分布范围：** 全北界至地中海、北非、印度北部至中国南部及日本南部。温带地区繁殖。南方越冬。

**分布状况：** 非常见的季节性候鸟。指名亚种繁殖于中国东北及新疆西部。有记录迁徙时见于中国北方。越冬于中国长江以南大部分地区及西藏南部。

**习　　性：** 栖于开阔的淡水湖泊及沼泽地带，极少出现于沿海港湾。

**保护级别：** 三有保护鸟类　LC

## 赤颈鸭（*Anas penelope*）

**鸭科**（Anatidae），**河鸭属**（*Anas*）

主要特征：中等体型（47厘米）的大头鸭。雄鸟头栗色而带皮黄色羽冠。体羽余部多灰色，两胁有白斑，腹白，尾下覆羽黑色。飞行时白色翅羽与深色飞羽及绿色翼镜形成对比。雌鸟通体棕褐或灰褐色，腹白。飞行时浅灰色的翅覆羽与深色的飞羽形成对比。下翼灰色，较葡萄胸鸭色深。虹膜—棕色；嘴—蓝绿；脚—灰色。雄鸟发出悦耳的哨笛声whee-oo。雌鸟发出短急的鸭叫声。

分布范围：古北界。南方越冬。

分布状况：地方性常见。繁殖于中国东北甚或西北。冬季迁徙至中国北纬35° 以南的广大地区。

习　　性：与其他水鸟混群于湖泊、沼泽及河口地带。

保护级别：三有保护鸟类　LC

## 赤麻鸭（*Tadorna ferruginea*）

**鸭科（Anatidae），麻鸭属（*Tadorna*）**

**主要特征：** 体大（63厘米）的橙栗色鸭。头皮黄。外形似雁。雄鸟夏季有狭窄的黑色领圈。飞行时白色的翅上覆羽及铜绿色的翼镜明显可见。虹膜—褐色；嘴—近黑；脚—黑色。叫声似aakh的啭音低鸣，有时为重复的pok-pok-pok-pok声。雌鸟叫声较雄鸟更为深沉。

**分布范围：** 东南欧及亚洲中部。越冬于印度和中国南方。

**分布状况：** 耐寒，广泛繁殖于中国东北和西北，及至青藏高原海拔4600米处。迁徙至中国中部和南部越冬。

**习　　性：** 筑巢于近溪流、湖泊的洞穴。多见于内地湖泊及河流。极少到沿海。

**保护级别：** 三有保护鸟类　LC

## 赤嘴潜鸭（*Rhodonessa rufina*）

**鸭科**（Anatidae），**狭嘴潜鸭属**（*Rhodonessa*）

主要特征：体大（55厘米）的皮黄色鸭。繁殖期雄鸟易识别，锈色的头部和橘红色的嘴与黑色的前半身形成对比。两胁白色，尾部黑色，翼下羽白色，飞羽在飞行时显而易见。雌鸟褐色，两胁无白色，但脸下、喉及颈侧为白色。额、顶盖及枕部深褐色，眼周色最深。繁殖后雄鸟似雌鸟，但嘴为红色。虹膜—红褐；嘴—雄鸟橘红，雌鸟黑色而端黄；脚—雄鸟粉红，雌鸟灰色。相当少声。求偶炫耀时雄鸟发出呼哧呼哧的喘息声，雌鸟发出粗喘似叫声。

分布范围：繁殖于东欧及西亚。越冬于地中海、中东、印度及缅甸。

分布状况：地方性常见的季节性候鸟。繁殖于中国西北，最东可至内蒙古的乌梁素海。冬季散布于华中、华东、华南及西南各处。

习　　性：栖于有植被或芦苇的湖泊或缓水河流。

保护级别：三有保护鸟类　LC

## 凤头潜鸭（*Aythya fuligula*）

**鸭科**（Anatidae），**潜鸭属**（*Aythya*）

**主要特征：** 中等体型（42厘米）、矮扁结实的鸭。头带特长羽冠。雄鸟黑色，腹部及体侧白色。雌鸟深褐，两胁褐色而羽冠短。飞行时二级飞羽呈白色带状。尾下覆羽偶为白色。雌鸟有浅色脸颊斑。雏鸟似雌鸟，但眼为褐色。头形较白眼潜鸭顶部平而眉突出。虹膜—黄色；嘴及脚—灰色。冬季常少声。飞行时发出沙哑、低沉的kur-r-r，kur-r-r叫声。

**分布范围：** 繁殖于整个北古北区。南方越冬。

**分布状况：** 地方性常见。繁殖于中国东北。迁徙经中国大部分地区至华南及台湾越冬。

**习　　性：** 常见于湖泊及深池塘，潜水觅食。飞行迅速。

**保护级别：** 三有保护鸟类　LC

## 红头潜鸭（*Aythya ferina*）

**鸭科**（Anatidae），**潜鸭属**（*Aythya*）

主要特征：中等体型（46厘米）、外观漂亮的鸭。栗红色的头与亮灰色的嘴和黑色的胸及上背形成对比。腰黑色，背及两胁显灰色，近看为白色带黑色蠕虫状细纹。飞行时翼上的灰色条带与其余较深色部位对比不明显。雌鸟背灰色，头、胸及尾近褐色，眼周皮黄色。虹膜—雄鸟红色，雌鸟褐色；嘴—灰色，端黑；脚—灰色。雄鸟发出喘息似的双音节哨音。雌鸟受惊时发出粗哑的krrr大叫。

分布范围：西欧至中亚。越冬于北非、印度及中国南部。

分布状况：繁殖于中国西北。冬季迁徙至华东及华南。

习　　性：栖于有茂密水生植被的池塘及湖泊。

保护级别：三有保护鸟类　VU

## 灰 雁（*Anser anser*）

**鸭科**（Anatidae），**雁属**（*Anser*）

主要特征：体大（76厘米）的灰褐色雁。以粉红色的嘴和脚为本种特征。嘴基部无白色。上体体羽灰而羽缘白，使上体具扇贝形图纹。胸浅烟褐色，尾上及尾下覆羽均白。飞行中浅色的翼前区与暗色的飞羽形成对比。虹膜—褐色；嘴—粉红；脚—粉红。叫声为深沉的雁鸣声。

分布范围：欧亚北部。越冬于北非、印度、中国及东南亚。

分布状况：繁殖于中国北方大部分地区。结小群在中国南部及中部的湖泊越冬。一些鸟冬季迁徙至江西鄱阳湖。

习　　性：栖居于疏树草原、沼泽及湖泊。取食于矮草地及农耕地。

保护级别：三有保护鸟类　LC

## 罗纹鸭（*Anas falcata*）

**鸭科**（Anatidae），**河鸭属**（*Anas*）

**主要特征：** 雄鸟体大（50厘米），头顶栗色，头侧绿色闪光的羽冠延垂至颈项，黑白色的三级飞羽长而弯曲。喉及嘴基部白色，使其有别于体型甚小的绿翅鸭。雌鸟暗褐色间杂深色。似雌赤膀鸭，但嘴及腿暗灰色，头及颈色浅，两胁略带扇贝形纹，尾上覆羽两侧具皮黄色线条，有铜棕色翼镜。虹膜—褐色；嘴—黑色；脚—暗灰。相当安静。繁殖期雄鸟发出低哨音，接着是uit-trr颤音，雌鸟以粗哑的呱呱声作答。

**分布范围：** 繁殖于东北亚。迁徙至中国的华东及华南越冬。

**分布状况：** 繁殖于中国东北的湖泊及湿地。冬季飞经中国大部分地区。在香港常有越冬鸟。

**习　　性：** 喜结大群，停栖水上，常与其他种类混群。

**保护级别：** 三有保护鸟类　NT

## 绿头鸭（*Anas platyrhynchos*）

**鸭科**（Anatidae），**河鸭属**（*Anas*）

主要特征：中等体型（58厘米），为家鸭的野型。雄鸟头及颈深绿色带光泽，白色颈环使头与栗色胸隔开。雌鸟褐色斑驳，有深色的贯眼纹。较雌针尾鸭尾短而钝。较雌赤膀鸭体大且翼上图纹不同。虹膜—褐色；嘴—黄色；脚—橘黄。雄鸟发出轻柔的kreep声。雌鸟发出似家鸭那种quack quack quack的叫声。

分布范围：全北区。南方越冬。

分布状况：地方性常见。繁殖于中国西北和东北。越冬于西藏西南部及北纬40° 以南的华中、华南广大地区，以及台湾。

习　　性：多见于湖泊、池塘及河口。

保护级别：三有保护鸟类　LC

## 琵嘴鸭（*Anas clypeata*）

**鸭科**（Anatidae），**河鸭属**（*Anas*）

主要特征：体大（50厘米），嘴特长，末端呈匙形。雄鸟腹部栗色，胸白，头深绿色而具光泽。雌鸟褐色斑驳，尾近白色，贯眼纹深色。色彩似雌绿头鸭，但嘴形清晰可辨。飞行时浅灰蓝色的翼上覆羽与深色的飞羽及绿色的翼镜形成对比。虹膜—褐色；嘴—繁殖期雄鸟近黑色，雌鸟橘黄褐色；脚—橘黄。叫声似绿头鸭，但声音轻而低，也发出似家鸭那种quack quack quack的叫声。

分布范围：繁殖于全北界。南方越冬。

分布状况：地方性常见。繁殖于中国东北及西北。冬季迁徙至中国北纬35° 以南的大部分地区。

习　　性：喜沿海的潟湖、池塘、湖泊及红树林、沼泽。

保护级别：三有保护鸟类　LC

## 普通秋沙鸭（*Mergus merganser*）

**鸭科**（Anatidae），**秋沙鸭属**（*Mergus*）

**主要特征：** 体型略大（68厘米）的食鱼鸭。细长的嘴具钩。繁殖期雄鸟头及背部绿黑，与光洁的乳白色胸部及下体形成对比。飞行时翼白而外侧三级飞羽黑色。雌鸟及非繁殖期雄鸟上体深灰，下体浅灰，头棕褐色而颏白。体羽具蓬松的副羽，较中华秋沙鸭的为短，但比体型较小的为厚。飞行时次级飞羽及覆羽全白，并无红胸秋沙鸭那种黑斑。虹膜—褐色；嘴—红色；脚—红色。相当安静。雄鸟求偶时发出假嗓的uig-a叫声，雌鸟发出几种粗哑叫声。

**分布范围：** 北半球。

**分布状况：** 相当常见的留鸟和季节性候鸟。指名亚种繁殖于中国西北及东北，冬季迁徙至中国黄河以南大部分地区。迷鸟至台湾。见于青藏高原湖泊中的亚种*comatus*为垂直性迁移的留鸟，一些个体在中国西南越冬。

**习　　性：** 喜结群活动于湖泊及湍急河流。潜水捕食鱼类。

**保护级别：** LC

## 青头潜鸭（*Aythya baeri*）

**鸭科**（Anatidae），**潜鸭属**（*Aythya*）

主要特征：体型适中（45厘米）的近黑色潜鸭。胸深褐，腹部及两胁白色；翼下羽及二级飞羽白色，飞行时可见黑色翼缘。繁殖期雄鸟头亮绿色。与雄凤头潜鸭的区别在于头部无羽冠，体型较小，两侧白色块线条不够整齐，尾下覆羽白色（凤头潜鸭尾下覆羽偶尔也为白色）。与白眼潜鸭的区别在于棕色多些，赤褐色少些，腹部白色延伸至体侧。虹膜—雄鸟白色，雌鸟褐色；嘴—蓝灰；脚—灰色。雄雌两性求偶期均发出粗哑的graaaak叫声。其余时候相当安静。

分布范围：西伯利亚及中国东北。在东南亚越冬。

分布状况：在中国过去常见，现在为罕见的季节性候鸟。繁殖于中国东北。迁徙时见于中国东部。越冬于华南大部分地区。在香港的米埔偶有记录。

习　　性：怯生，成对活动。与其他鸭混群，栖于池塘、湖泊及缓水。

保护级别：三有保护鸟类　CR

## 鹊 鸭（*Bucephala clangula*）

**鸭科**（Anatidae），**鹊鸭属**（*Bucephala*）

**主要特征：** 中等体型（48厘米）的深色潜鸭。头大而高耸，眼金色。繁殖期雄鸟胸、腹部白色，次级飞羽极白，嘴基部具大的白色圆形点斑，头余部黑色闪绿光。雌鸟烟灰色，具近白色扇贝形纹，头褐色，无白色点斑或紫色光泽，通常具狭窄白色前颈环。非繁殖期雄鸟似雌鸟，但近嘴基处点斑仍为浅色。虹膜—黄色；嘴—近黑；脚—黄色。相当安静。飞行时振翼发出啸音。炫耀时雄鸟发出一系列怪啸音及粗喘息声，雌鸟发出粗哑graa声。被赶时也发出此音。

**分布范围：** 全北界。繁殖于亚洲北部。越冬于中国中部及东南部。

**分布状况：** 罕见的季节性旅鸟。繁殖于中国黑龙江北部及西北。有记录迁徙时见于中国北方。越冬时广泛分布于中国南方。

**习　　性：** 喜在湖泊、沿海水域结群形成大片，与其他种类偶有混群。潜水觅食。游泳时尾上翘。有时栖于陆地上。

**保护级别：** 三有保护鸟类　LC

## 鸳　鸯（*Aix galericulata*）

鸭科（Anatidae），鸳鸯属（*Aix*）

主要特征：体小（40厘米）而色彩艳丽的鸭。雄鸟有醒目的白色眉纹、金色颈、背部长羽以及拢翼后可直立的独特的棕黄色炫耀性帆状饰羽。雌鸟不甚艳丽——亮灰色体羽，雅致的白色眼圈及眼后线。雄鸟的非繁殖羽似雌鸟，但嘴为红色。虹膜—褐色；嘴—雄鸟红色，雌鸟灰色；脚—近黄。常寂静无声。飞行时雄鸟发出声如hwick的短哨音，雌鸟发出低咯声。

分布范围：东北亚、中国东部及日本。引种至其他地区。

分布状况：繁殖于中国东北。冬季迁徙至中国南方。分布广泛但种群数量普遍稀少。常被捉来笼养。

习　　性：营巢于树上洞穴或河岸。活动于多林木的溪流。

保护级别：国家二级保护动物　LC

## 针尾鸭（*Anas acuta*）

**鸭科**（Anatidae），**河鸭属**（*Anas*）

**主要特征：** 中等体型（55厘米）的鸭。尾长而尖。雄鸟头棕，喉白，两胁有灰色扇贝形纹，尾黑，中央尾羽特长延，两翼灰色而具绿铜色翼镜，下体白色。雌鸟暗淡褐色，上体多黑斑，下体皮黄，胸部具黑点，翼镜灰褐，嘴及脚灰色。雌针尾鸭与其他雌鸭的区别在于体态较优雅，头浅褐，尾形尖。虹膜—褐色；嘴—雄鸟蓝灰，雌鸟灰色；脚—灰色。甚安静。雌鸟发出低喉音的kwuk-kwuk声。

**分布范围：** 繁殖于全北界。南方越冬。

**分布状况：** 新疆西北部及西藏南部有繁殖记录。冬季迁徙至中国北纬30° 以南的大部分地区。

**习　　性：** 喜沼泽、湖泊、大河流及沿海地带。常在水面取食，有时探入浅水。

**保护级别：** 三有保护鸟类　LC

## 中华秋沙鸭（*Mergus squamatus*）

**鸭科（Anatidae），秋沙鸭属（*Mergus*）**

**主要特征：** 雄鸟为体大（58厘米）的绿黑色及白色鸭。长而窄的嘴，其尖端具钩。黑色的头部具厚实的羽冠。两胁羽片白色而羽缘及羽轴黑色，形成特征性鳞状纹。胸白而有别于红胸秋沙鸭。体侧具鳞状纹而有别于普通秋沙鸭。雌鸟色暗而多灰色，与红胸秋沙鸭的区别在于体侧具同轴而灰色宽、黑色窄的带状图案。虹膜—褐色；嘴—橘黄；脚—橘黄。叫声似红胸秋沙鸭。

**分布范围：** 繁殖于西伯利亚、朝鲜北部及中国东北。越冬于中国华南及华中，日本及朝鲜。偶见于东南亚。

**分布状况：** 在中国数量稀少且仍在减少。繁殖于中国东北。迁徙时经过东北的沿海。偶在华中、西南、华东及华南越冬。

**习　　性：** 出没于湍急河流，有时在开阔湖泊。成对或以家庭为群。潜水捕食鱼类。

**保护级别：** 国家一级保护动物　EN

## 苍　鹰（*Accipiter gentilis*）

**鹰科**（Accipitridae），**鹰属**（*Accipiter*）

**主要特征：** 体大（56厘米）而强健的鹰。无羽冠或喉中线，具白色的宽眉纹。成鸟下体白色上具粉褐色横斑，上体青灰。幼鸟上体褐色浓重，羽缘色浅而成鳞状纹，下体具偏黑色粗纵纹。虹膜—成鸟红色，幼鸟黄色；嘴—角质灰色；脚—黄色。幼鸟乞食时发出忧郁的peee-leh声。告警时发出嘎嘎叫声kye kye kye。

**分布范围：** 北美洲、欧亚地区、北非。

**分布状况：** 在温带亚高山森林甚常见。亚种*schvedowi*繁殖于中国东北的大、小兴安岭及西北的西天山，冬季南迁至长江以南地区；*khamensis*繁殖于西藏东南部、青藏高原东部山地、云南西北部、四川西部及甘肃南部，越冬于低地及云南南部；*fujiyamae*越冬于台湾；*albidus*越冬于中国东北；*buteoides*越冬于中国西北的天山地区。

**习　　性：** 两翼宽圆，能快速翻转扭绕。主要食物为鸽类，但也捕食可猎捕的其他鸟类及哺乳动物（如野兔）。

**保护级别：** 国家二级保护动物　LC

## 凤头鹰（*Accipiter trivirgatus*）

鹰科（Accipitridae），鹰属（*Accipiter*）

主要特征：体大（42厘米）而强健的鹰。具短羽冠。成年雄鸟上体灰褐，两翼及尾具横斑，下体棕色，胸部具白色纵纹，腹部及大腿白色且具近黑色粗横斑，颈白，有近黑色纵纹延伸至喉，具两道黑色髭纹。亚成鸟及雌鸟似成年雄鸟，但下体纵纹及横斑均为褐色，上体褐色较浅。飞行时两翼显得比同属其他鹰类短圆。虹膜—幼鸟褐色，成鸟黄绿色；嘴—灰色，蜡膜黄色；腿及脚—黄色。叫声为尖厉的he-he-he-he-he-he声及拖长的吠声。

分布范围：印度、中国西南及台湾、东南亚。

分布状况：区域性非罕见，见于中国中南及西南，以及海南岛（*indicus*）和台湾（*formosae*）的低地森林。在香港现已常见。

习　　性：栖于有密林覆盖处。繁殖期常在森林上空翱翔，同时发出响亮叫声。

保护级别：国家二级保护动物　LC

## 红 隼（*Falco tinnunculus*）

**隼科**（Falconidae），**隼属**（*Falco*）

主要特征：体小（33厘米）的赤褐色隼。雄鸟头顶及颈背灰色，尾蓝灰无横斑，上体赤褐略具黑色横斑，下体皮黄而具黑色纵纹。雌鸟体型略大，上体全褐，比雄鸟少赤褐而多粗横斑。亚成鸟似雌鸟，但纵纹较重。与黄爪隼的区别在于尾呈圆形，体型较大，具髭纹，雄鸟背上具点斑，下体纵纹较多，脸颊色浅。虹膜—褐色；嘴—灰色，端黑，蜡膜黄色；脚—黄色。叫声为刺耳的高叫声yak yak yak yak yak。

分布范围：非洲、古北界、印度及中国。越冬于东南亚。

分布状况：甚常见的留鸟及季节性候鸟。指名亚种繁殖于中国东北及西北；*interstinctus* 为留鸟，除干旱沙漠外遍及各地。北方鸟冬季南迁至中国南方。

习　　性：在空中姿态特别优雅，捕食时懒懒地盘旋或纹丝不动地停在空中。猛扑猎物，常从地面捕捉猎物。停栖在柱子或枯树上。喜开阔原野。

保护级别：国家二级保护动物　LC

## 普通鵟（*Buteo buteo*）

**鹰科**（Accipitridae），**鵟属**（*Buteo*）

主要特征：体型略大（55厘米）的红褐色鵟。上体深红褐色，脸侧皮黄，具近红色细纹，栗色的髭纹显著。下体偏白，具棕色纵纹，两胁及大腿沾棕色。飞行时两翼宽而圆，初级飞羽基部具特征性白色块斑。尾近端处常具黑色横纹。在高空翱翔时两翼略呈“V”字形。虹膜—黄色至褐色；嘴—灰色，端黑，蜡膜黄色；脚—黄色。叫声为响亮的咪叫声peeioo。

分布范围：繁殖于古北界及喜马拉雅山脉。北方鸟迁徙至北非、印度及东南亚越冬。

分布状况：甚常见，高可至海拔3000米。亚种*japonicus*繁殖于东北各省的针叶林，冬季南迁至北纬32° 以南地区；*vulpinus*越冬于新疆西部天山、喀什地区及四川。

习　　性：喜开阔原野且在空中热气流上高高翱翔，在裸露树枝上歇息。飞行时常停在空中振羽。

保护级别：国家二级保护动物　LC

## 雀　鹰（*Accipiter nisus*）

**鹰科**（Accipitridae），**鹰属**（*Accipiter*）

主要特征：中等体型（雄鸟32厘米，雌鸟38厘米）而翼短的鹰。雄鸟上体灰褐，白色的下体上多具棕色横斑，尾具横带。脸颊棕色为本种识别特征。雌鸟体型较大，上体褐色，下体白色，胸、腹部及腿上具灰褐色横斑，无喉中线，脸颊棕色较少。亚成鸟与同属其他鹰类亚成鸟的区别在于胸部具褐色横斑而无纵纹。虹膜—艳黄；嘴—角质色，端黑；脚—黄色。偶尔发出尖厉的哭叫声。

分布范围：繁殖于古北界。候鸟迁徙至非洲、印度及东南亚。

分布状况：常见的森林鸟类。亚种*nisosimilis*繁殖于东北各省及新疆西北部的天山，冬季南迁至华东、华南及华中；*melaschistos*繁殖于甘肃中部以南至四川西部及西藏南部至云南北部，冬季南迁至西南地区。

习　　性：从栖处或在“伏击”飞行中捕食，喜林缘及开阔林区。

保护级别：国家二级保护动物　LC

## 松雀鹰（*Accipiter virgatus*）

**鹰科**（Accipitridae），**鹰属**（*Accipiter*）

主要特征：中等体型（33厘米）的深色鹰。似凤头鹰但体型较小并缺少羽冠。成年雄鸟上体深灰，尾具粗横斑，下体白色，两胁棕色且具褐色横斑，喉白而具黑色喉中线，有黑色髭纹。雌鸟及亚成鸟两胁棕色少，下体多具红褐色横斑，背褐色，尾褐色而具深色横纹。亚成鸟胸部具纵纹。虹膜—黄色；嘴—黑色，蜡膜灰色；腿及脚—黄色。雏鸟饥饿时发出反复哭叫声shew-shew-shew。

分布范围：印度、中国南方及东南亚。

分布状况：广布于海拔300～1200米的多林丘陵山地，但不多见。亚种*affinis*为中国中部、西南及海南岛的留鸟；*nisoides*为中国华东、华南的留鸟；*fuscipectus*见于台湾。

习　　性：在林间静立，伺机捕食爬行类或鸟类猎物。

保护级别：国家二级保护动物　LC

## 燕 隼（*Falco subbuteo*）

**隼科**（Falconidae），**隼属**（*Falco*）

主要特征：体小（30厘米）的黑白色隼。翼长，腿及臀棕色，上体深灰，胸乳白而具黑色纵纹。雌鸟体型比雄鸟大而多褐色，腿及尾下覆羽细纹较多。与猛隼的区别在于胸偏白。虹膜—褐色；嘴—灰色，蜡膜黄色；脚—黄色。叫声为重复而尖厉的kick声。

分布范围：非洲、古北界、喜马拉雅山脉、中国及缅甸。南迁越冬。

分布状况：地方性非罕见的留鸟及季节性候鸟。指名亚种繁殖于中国北方及西藏，越冬于西藏南部；*streichi*为繁殖鸟或夏候鸟，分布于中国北纬32° 以南地区，有时在广东及台湾越冬。

习　　性：于飞行中捕捉昆虫及鸟类，飞行迅速，喜开阔地及有林地带，高可至海拔2000 米。

保护级别：国家二级保护动物　LC

## 游 隼（*Falco peregrinus*）

**隼科**（Falconidae），**隼属**（*Falco*）

**主要特征：** 体大（45厘米）而强壮的深色隼。成鸟头顶及脸颊近黑或具黑色条纹。上体深灰，具黑色点斑及横纹。下体白色，胸具黑色纵纹，腹部、腿及尾下多具黑色横斑。雌鸟比雄鸟体大。亚成鸟褐色浓重，腹部具纵纹。各亚种在深色部位上有别。亚种*peregrinator*自眼往下具垂直块斑而非髭纹，脸颊白色较少，下体横纹较细。虹膜—黑色；嘴—灰色，蜡膜黄色；腿及脚—黄色。繁殖期发出尖厉的kek-kek-kek-kek声。

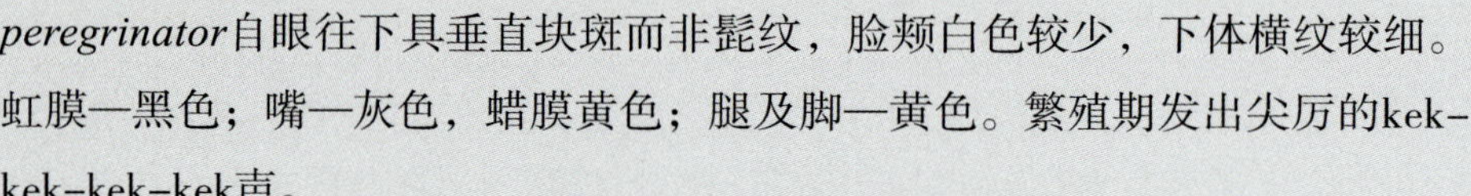

**分布范围：** 世界各地。

**分布状况：** 不常见的留鸟及季节性候鸟。亚种*calidus*迁徙经中国东北及华东至中国南方越冬；*japonensis*越冬于中国东南；*peregrinator*为长江以南多数地区的留鸟。

**习　　性：** 常成对活动。飞行甚快，并从高空呈螺旋形而下猛扑猎物。为世界上飞行速度最快的鸟种之一，有时作特技飞行。在悬崖上筑巢。

**保护级别：** 国家二级保护动物　LC

## 棕尾鵟（*Buteo rufinus*）

**鹰科**（Accipitridae），**鵟属**（*Buteo*）

**主要特征：**体大（64厘米）的棕色鵟。翼及尾长。头和胸色浅，靠近腹部变成深色，但有几种色型，从米黄色至棕色至极深色。近黑色型的飞羽及尾羽具深色横斑。尾上一般呈浅锈色至橘黄色而无横斑。飞行似普通鵟，棕色型翼下翼角处具黑色大块斑。滑翔时两翼弯折（普通鵟两翼平伸），随气流翱翔时高举成一角度。幼鸟外侧尾羽及翼下暗色后缘均具横纹。与毛脚鵟的区别在于尾上端无黑色带斑。虹膜—黄色；嘴—灰色；脚—黄色。叫声似普通鵟，为响亮的似猫叫声，但少叫。

**分布范围：**繁殖于欧洲东南部至古北界中部、印度西北部、喜马拉雅山脉东部和中国西部。越冬南迁。

**分布状况：**罕见的留鸟及季节性候鸟。指名亚种繁殖于新疆喀什、乌鲁木齐及天山地区，迁徙或越冬于甘肃、云南、西藏南部及东南部。

**习　　性：**懒散。一般从栖处捕食。高空翱翔且有时徘徊飞行。喜趋火光。

**保护级别：**国家二级保护动物　LC

## 白腹锦鸡（*Chrysolophus amherstiae*）

**雉科**（Phasianidae），**锦鸡属**（*Chrysolophus*）

**主要特征：** 雄鸟为中等体型（150厘米）、色彩浓艳独特的雉鸡。头顶、喉及上胸为闪亮深绿色，猩红色的羽冠形短，白色颈背呈扇贝形而带黑色羽缘。背及两翼为闪亮深绿色，腹白。腰黄，尾羽特形长，微下弯，为白色间以黑色横带。少许形长的尾覆羽羽端橘黄色。雌鸟体型较小（60厘米），上体多具黑色和棕黄色横斑，喉白，胸栗色并多具黑色细纹。两胁及尾下覆羽皮黄色而带黑斑。虹膜—褐色；嘴—蓝灰；脚—蓝灰。繁殖期雄鸟发出响亮、粗犷而悠远的ga-ga-ga叫声，或粗声的gua音。群叫声为柔软的shu-shu-shu-sss。告警叫声为刺耳的shi-ya。雌鸟召唤雏鸟的叫声为guo-guo-guo。雄鸟受威胁时的叫声为ja-ja-ja-ja。

**分布范围：** 缅甸东北部至中国西南部。引种至欧洲。

**分布状况：** 海拔1800 ~ 3600米山林的非常见鸟，分布于西藏东南部、云南、四川南部、贵州西部至广西西部红腹锦鸡分布的西界。

**习　　性：** 生活于有林山坡的低矮树丛及次生林中。

**保护级别：** 国家二级保护动物　LC

## 血　雉（*Ithaginis cruentus*）

**雉科**（Phasianidae），**血雉属**（*Ithaginis*）

**主要特征：** 体小（46厘米），似鹑类，具矛状长羽，羽冠蓬松，脸及腿猩红，翼及尾沾红色的雉种。头近黑，具近白色羽冠及白色细纹。上体多灰色且带白色细纹，下体沾绿色。胸部红色多变。雌鸟色暗且单一，胸为皮黄色。诸亚种羽色细节上有别。指名亚种胸部具红色细纹，仅最外侧尾羽无红色；*beicki*头部无红色，三级飞羽栗色，羽轴绿色；*berezowskii*头无红色，三级飞羽全为栗色；*sinensis*雄鸟似*berezowskii*，但雌鸟斑纹较粗；*affinis*外侧尾羽无红色，额黑色；*tibetanus*耳羽黄色，胸部红色，颈项无黑色；*kuseri*颈项及耳羽前方黑色；*marionae*眉纹黑色，颈环不完整；*rocki*胸部红色较少，但喉红并带白色细纹；*clarkei*喉及脸颊几无红色；*geoffroyi* 头部全无红色。虹膜—黄褐；嘴—近黑，蜡膜红色；脚—红色。雄鸟发出短促的si叫声，告警时咯咯地叫。有时数声si哨音连接为sisisi声。雄雌两性均会发出鸢一般的chiu-chiu尖叫声，以召集分散的鸟群。

**分布范围：** 喜马拉雅山脉，中国中部及西藏高原。

**分布状况：** 地方性常见鸟，分布于海拔3200～4700米。中国有诸多亚种——*beicki*于青海及甘肃的祁连山；*sinensis*于甘肃东南部（白水江）、陕西南部（秦岭）及山西西南部；*berezowskii*于甘肃南部及四川北部；*geoffroyi*于西藏东部、四川西部、青海南部及云南西北部；*affinis*及*cruentatus*于西藏南部；*tibetanus*于西藏东南部；*kuseri*于西藏东南部至云南西北部；*rocki*于云南西北部的怒江与金沙江之间；*marionae*于云南西北部的澜沧江以西至缅甸；*clarkei*于云南西北部的丽江周围山脉。

习　　性：结成小至大群，觅食于亚高山针叶林、苔原森林的地面及杜鹃灌丛。

保护级别：国家二级保护动物　LC

## 雉 鸡（*Phasianus colchicus*）

**雉科**（Phasianidae），**雉属**（*Phasianus*）

**主要特征：** 雄鸟为体大（85厘米）、原引自中国的、为欧洲及北美洲所熟悉的雉种。雄鸟头部具黑色光泽，有显眼的耳羽簇，宽大的眼周裸皮鲜红色。有些亚种有白色颈环。身体披金挂彩，满身点缀着发光羽毛，从墨绿色至铜色至金色。两翼灰色，尾长而尖，褐色并带黑色横纹。雌鸟体小（60厘米），色暗淡，周身密布浅褐色斑纹。被赶时迅速起飞，飞行快，声音大。中国有19个地理亚种，体羽细部差别甚大。东部诸亚种下背及腰浅灰绿色。亚种*formosanus*，*kiangsuensis*，*torquatus*，*karpowi*及*pallasi*具白色颈环；*rothschildi*，*suehschanensis*及*elegans*无颈环或仅有部分颈环；其他亚种均有不完整颈环。亚种*pallasi*及*elegans*胸部绿色而非紫色。西部诸亚种翅上覆羽白色，下背及腰栗色，并具不完整的白色颈环。*shawii*胸绿色，*mongolicus*胸紫色。诸亚种翅上覆羽黄褐色，下背及腰皮黄色，白色颈环缺失或不明显。这些亚种中，*tarimensis*胸部为紫红色，余者胸部为绿色。虹膜—黄色；嘴—角质色；脚—略灰。雄鸟的叫声为爆发性的噼啪两声，紧接着便用力鼓翼。

**分布范围：** 西古北区的东南部、中亚、西伯利亚东南部、乌苏里流域、中国台湾等地、

朝鲜及日本。引种至欧洲、澳大利亚、新西兰、夏威夷及北美洲。

分布状况：广泛分布于有矮树的开阔地区。过去常见，如今局部地区已降至低水平。具诸多的地理亚种——*pallasi*于黑龙江及内蒙古东北部；*karpowi*于辽宁、吉林、河北东部及内蒙古东南部；*torquatus*于中国东部及东南；*kiangsuensis*于陕西北部、内蒙古中部、山西及河北西部；*decollatus*于贵州、四川东部及湖北西部；*rothschildi*于云南东南部（蒙自）；*takatsukasae*于广西西南部；*formosanus*于台湾中部；*elegans*于中国西南；*suehschanensis*于西藏东北部、四川北部及青海东南部；*strauchi*于四川北部及东北部、陕西南部、甘肃中部及南部、青海东部；*satscheuensis*于青海北部及甘肃西北部；*shawii*于新疆西南部；*tarimensis*于新疆塔里木盆地及吐鲁番盆地；*mongolicus*于新疆西北部；*vlangalii*于青海的柴达木盆地；*sohokhensis*于内蒙古西部的腾格里沙漠；*alaschanicus*于宁夏的贺兰山；*edzinensis*于内蒙古西部的居延海。

习　　性：雄鸟单独或结小群活动，雌鸟及其雏鸟偶尔与其他鸟混群。栖于不同高度的开阔林地、灌木丛、半荒漠及农耕地。

保护级别：三有保护鸟类　LC

## 白胸苦恶鸟（*Amaurornis phoenicurus*）

**秧鸡科**（Rallidae），**苦恶鸟属**（*Amaurornis*）

主要特征：体型略大（33厘米）的深青灰色及白色的苦恶鸟。头顶及上体灰色，脸、额、胸及上腹部白色，下腹及尾下棕色。虹膜—红色；嘴—偏绿，基部红色；脚—黄色。叫声为单调的uwok-uwok声。黎明或夜晚数鸟一起作喧闹而怪诞的合唱，声如turr-kroowak, per-per-a-wak-wak-wak 及其他声响，一次可持续15分钟。

分布范围：印度、中国南部及东南亚。

分布状况：适宜生境下的一般性常见鸟，高可至海拔1500米。亚种*chinensis*繁殖于中国北纬34° 以南低地，越冬于云南、广西、海南岛、广东、福建及台湾，偶见于山东、山西及河北。

习　　性：通常单独活动，偶尔三两成群，于湿润的灌丛、湖边、河滩、红树林及旷野走动找食。多在开阔地带进食，因而较其他秧鸡类常见。也攀于灌丛及小树上。

保护级别：三有保护鸟类　LC

## 骨顶鸡（*Fulica atra*）

秧鸡科（Rallidae），骨顶属（*Fulica*）

主要特征：体大（40厘米）的黑色水鸡。具显眼的白色嘴及额甲。整个体羽深黑灰色，仅飞行时可见翼上狭窄近白色后缘。虹膜—红色；嘴—白色；脚—灰绿。发出多种响亮的叫声及尖厉的kik kik声。

分布范围：古北界、中东、印度次大陆。北方鸟南迁至非洲及东南亚越冬，鲜至印度尼西亚。也见于新几内亚、澳大利亚及新西兰。

分布状况：亚种*atra*为中国北方湖泊及溪流的常见繁殖鸟。大量的鸟迁徙至北纬32° 以南地区越冬。

习　　性：强栖水性和群栖型。常潜入水中在湖底找食水草。繁殖期相互争斗追打。起飞前先在水面上长距离助跑。

保护级别：三有保护鸟类　LC

## 黑水鸡（*Gallinula chloropus*）

**秧鸡科（Rallidae），黑水鸡属（*Gallinula*）**

主要特征：中等体型（31厘米），黑白色，额甲亮红，嘴短。体羽全青黑色，仅两肋有白色细纹形成的线条，尾下有两块白斑，尾上翘时此白斑尽显。虹膜—红色；嘴—暗绿，基部红色；脚—绿色。叫声为响而粗的嘎嘎声pruuk-pruuk-pruuk。

分布范围：除澳大利亚及大洋洲外，几乎遍及全世界。北方鸟南迁越冬。

分布状况：亚种*indica*繁殖于新疆西部；指名亚种繁殖于华东、华南及西南。越冬于北纬32°以南地区。

习　　性：多见于湖泊、池塘及运河。栖水性强，常在水中慢慢游动，在水面浮游植物间翻拣找食。也取食于开阔草地。于陆地或水中尾不停上翘。不善飞，起飞前先在水面上助跑很长一段距离。

保护级别：四川省重点保护野生动物　三有保护鸟类　LC

## 红脚苦恶鸟（*Amaurornis akool*）

**秧鸡科（Rallidae），苦恶鸟属（*Amaurornis*）**

主要特征：中等体型（28厘米），色暗而腿红。上体全橄榄褐色，脸及胸青灰色，腹部及尾下褐色。幼鸟灰色较少。体羽无横斑。飞行无力，腿下悬。虹膜—红色；嘴—黄绿；脚—洋红。叫声为拖长颤哨音，降调。

分布范围：印度次大陆至中国及中南半岛东北部。

分布状况：在中国南方的山区稻田为地方性常见鸟。繁殖在多芦苇或多草的沼泽。

习　　性：性羞怯，多在黄昏活动。尾不停地抽动。

保护级别：三有保护鸟类　LC

## 红胸田鸡（*Porzana fusca*）

**秧鸡科**（Rallidae），**田鸡属**（*Porzana*）

**主要特征：** 体小（20厘米）的红褐色短嘴田鸡。后顶及上体纯褐色，头侧及胸深棕红色（亚种*erythrothorax*的红色较深），颏白，腹部及尾下近黑并具白色细横纹。似红腿斑秧鸡及斑胁田鸡，但体型较小且两翼无任何白色。虹膜—红色；嘴—偏褐；脚—红色。寂静少声。于繁殖期有突发性的3～4秒的尖厉下颤音，似小䴙䴘。进食时发出轻声chuck。

**分布范围：** 繁殖于印度次大陆、东亚、菲律宾、苏拉威西岛及巽他群岛。北方鸟南迁越冬于婆罗洲。

**分布状况：** 亚种*erythrothorax*为台湾的地方性常见留鸟；*phaeopyga*于华东、华中及华南；*bakeri*于中国西南。

**习　　性：** 栖于芦苇地、稻田及湖边的干树丛。性羞怯而难见到。偶尔冒险涉足芦苇地边缘。部分具夜行性。晨昏发出叫声。

**保护级别：** 四川省重点保护野生动物　三有保护鸟类　LC

## 灰 鹤（*Grus grus*）

鹤科（Gruidae），鹤属（*Grus*）

主要特征：中等体型（125厘米）的灰色鹤。前顶冠黑色，中心红色，头及颈深青灰色。自眼后有一道宽的白色条纹延伸至颈背。体羽余部灰色，背部及长而密的三级飞羽略沾褐色。虹膜—褐色；嘴—污绿，端偏黄；脚—黑色。配偶的二重唱为清亮持久的kaw-kaw-kaw号角声。迁徙时结大群，发出的号角声如krraw。

分布范围：古北界。

分布状况：繁殖于中国东北及西北。冬季南迁至中国南部及中南半岛。喜湿地、沼泽地及浅湖。越来越稀少。

习　　性：迁徙时停歇和取食于农耕地。作高跳跃的求偶舞姿。飞行时颈伸直，呈“V”字形编队。

保护级别：国家二级保护动物　LC

## 普通秧鸡（*Rallus aquaticus*）

**秧鸡科（Rallidae），秧鸡属（*Rallus*）**

主要特征：中等体型（29厘米）的暗深色秧鸡。上体多纵纹，头顶褐色，脸灰色，眉纹浅灰而眼线深灰。颏白，颈及胸灰色，两胁具黑白色横斑。亚成鸟翼上覆羽具不明晰白斑。虹膜—红色；嘴—红色至黑色；脚—红色。叫声为轻柔的chip chip chip声，以及怪异的猪样嗷叫及尖叫声。

分布范围：古北界。冬季迁徙至东南亚。

分布状况：于分布区甚常见。亚种*korejewi*于中国西北、华北及四川；*indicus*繁殖于中国东北，南迁至中国华东及华南越冬。

习　　性：性羞怯。栖于水边植被茂密处、沼泽及红树林。

保护级别：三有保护鸟类　LC

## 白腰草鹬（*Tringa ochropus*）

**丘鹬科**（Scolopacidae），**鹬属**（*Tringa*）

主要特征：中等体型（23厘米），矮壮型，深绿褐色，腹部及臀白色。飞行时黑色的下翼、白色的腰部以及尾部的横斑极显著。上体绿褐色杂白点，两翼及下背几乎全黑，尾白，端部具黑色横斑。飞行时脚伸至尾后。野外看黑白色非常明显。与林鹬的区别在于近绿色的腿较短，外形较矮壮，下体点斑少，翼下色深。虹膜—褐色；嘴—暗橄榄色；脚—橄榄绿。叫声响亮，如流水般的tlooeet-ooeet-ooeet声，第二音节拖长。

分布范围：繁殖于欧亚大陆北部。冬季南迁至非洲、印度次大陆及东南亚。

分布状况：仅于新疆西部喀什及天山地区有过繁殖记录。迁徙时常见于中国大部分地区。越冬于新疆南部的塔里木盆地，西藏南部的雅鲁藏布江流域，中国东部大多数省份，长江流域及北纬30° 以南的整个地区。极少至沿海。

习　　性：常单独活动，喜小水塘及池塘、沼泽地及沟壑。受惊时起飞，似沙锥而呈锯齿形飞行。

保护级别：三有保护鸟类　LC

## 长嘴剑鸻（*Charadrius placidus*）

鸻科（Charadriidae），鸻属（*Charadrius*）

**主要特征：** 体型略大（22厘米）而健壮的黑、褐及白色鸻。略长的嘴全黑，尾较剑鸻及金眶鸻长，白色的翼上横纹不及剑鸻粗而明显。繁殖期体羽特征为具黑色的前顶横纹和全胸带，但贯眼纹灰褐而非黑。亚成鸟同剑鸻及金眶鸻。虹膜—褐色；嘴—黑色；腿及脚—暗黄。叫声为响亮清晰的双音节笛音piwee。

**分布范围：** 繁殖于东北亚、中国华东及华中。冬季迁徙至东南亚。

**分布状况：** 一般并不常见。繁殖于中国东北、华中及华东。越冬于北纬32° 以南的沿海、河流及湖泊。

**习　　性：** 似其他鸻，但喜河边及沿海滩涂的多砾石地带。

**保护级别：** 三有保护鸟类　LC

## 反嘴鹬（*Recurvirostra avosetta*）

鸻科（Charadriidae），反嘴鹬属（*Recurvirostra*）

主要特征：体高（43厘米）的黑白色鹬。形长的腿灰色，黑色的嘴细长而上翘。飞行时从下面看体羽全白，仅翼尖黑色。具黑色的翼上横纹及肩部条纹。虹膜—褐色；嘴—黑色；脚—黑色。经常发出清晰似笛音的叫声kluit kluit kluit。

分布范围：欧洲至中国、印度及非洲南部。

分布状况：繁殖于中国北部。冬季结大群在东南沿海及西藏至印度越冬。偶见于台湾。

习　　性：进食时嘴往两边扫动。善游泳，能在水中倒立。飞行时不停地快速振翼并作长距离滑翔。成鸟做佯装断翅状的表演，以将捕食者从幼鸟身边引开。

保护级别：三有保护鸟类　LC

## 凤头麦鸡（*Vanellus vanellus*）

**鸻科**（Charadriidae）**，麦鸡属**（*Vanellus*）

**主要特征：** 体型略大（30厘米）的黑白色麦鸡。具长窄的黑色反翻型凤头。上体具绿黑色金属光泽，尾白而具宽的黑色次端带。头顶色深，耳羽黑色，头侧及喉部污白。胸近黑，腹白。虹膜—褐色；嘴—近黑；腿及脚—橙褐。叫声为拖长的鼻音pee-wit。

**分布范围：** 古北界。冬季南迁至印度及东南亚的北部。

**分布状况：** 甚常见。繁殖于中国北方大部分地区。越冬于北纬32° 以南地区。

**习　　性：** 喜耕地、稻田或矮草地。

**保护级别：** 三有保护鸟类　NT

## 红脚鹬（*Tringa totanus*）

**丘鹬科**（Scolopacidae），**鹬属**（*Tringa*）

**主要特征：** 中等体型（28厘米），腿橙红，嘴基部红色。上体灰褐，下体白色，胸部具褐色纵纹。比红脚的鹤鹬体型小，矮胖，嘴较短较厚，嘴基部红色较多。飞行时腰部白色明显，次级飞羽具明显白色外缘。尾上具黑白色细斑。虹膜—褐色；嘴—基部红色，端黑；脚—橙红。多有声响。飞行时发出降调的悦耳哨音teu hu–hu，在地面时发出单音teyuu。

**分布范围：** 繁殖于非洲及古北界。冬季南迁至苏拉威西、东帝汶及澳大利亚。

**分布状况：** 常见。根据郑作新（1994），指名亚种繁殖于中国西北、青藏高原及内蒙古东部。大群鸟途经华南及华东，越冬鸟留在长江流域及南方各省。然而Hale（1971）认为中国有几个亚种：*ussuriensis*在中国为过境鸟；*terrignotae*于中国东北及华东；*craggi*繁殖于新疆西北部；*eurhinus*于中国西部。

**习　　性：** 喜泥岸、海滩、盐田、干涸的沼泽及鱼塘、近海稻田，偶尔在内陆。通常结小群活动，也与其他水鸟混群。

**保护级别：** 三有保护鸟类　LC

## 鹮嘴鹬（*Ibidorhyncha struthersii*）

**鸻科**（Charadriidae），**鹮嘴鹬属**（*Ibidorhyncha*）

**主要特征：** 体大（40厘米）的灰、黑及白色鹬。识别特征为腿及嘴红色，嘴长且下弯。一道黑白色的横带将灰色的上胸与白色的下部隔开。翼下白色，翼上中心具大片白色斑。幼鸟上体具皮黄色鳞状纹，黑色斑纹不甚清楚，腿及嘴近粉色。虹膜—褐色；嘴—绯红；脚—绯红。叫声为重复的响铃般的klew-klew声，似沙锥，也发出响亮而快速的似中杓鹬的叫声tee-tee-tee-tee。

**分布范围：** 喜马拉雅山脉及中南亚。

**分布状况：** 罕见的地方性留鸟及垂直性迁移的候鸟。留鸟见于新疆西部，西藏西部、南部及东部，青海，甘肃，四川，宁夏，陕西，河北，河南，云南北部。迷鸟见于云南南部（西双版纳）。

**习　　性：** 栖于海拔1700～4400米多石头、流速快的河流。炫耀时腿下蹲，头前伸，黑色顶冠的后部耸起。

**保护级别：** 三有保护鸟类　LC

## 灰斑鸻（*Pluvialis squatarola*）

鸻科（Charadriidae），斑鸻属（*Pluvialis*）

主要特征：中等体型（28厘米）的健壮涉禽。嘴短厚，体型较金斑鸻大，头及嘴较大，上体灰褐，下体近白，飞行时翼纹和腰部偏白，黑色的腋羽于白色的下翼基部呈黑色块斑。繁殖期雄鸟下体黑色似金斑鸻，上体多银灰色，尾下白色。虹膜—褐色；嘴—黑色；腿—灰色。叫声为哀伤的三音节哨音chee-woo-ee，不甚清晰，音调各有升降。

分布范围：繁殖于全北界北部。越冬于热带及亚热带沿海地区。

分布状况：常见的冬候鸟，于华南、台湾和长江下游的沿海及河口地带。迁徙途经中国东北、华东及华中。

习　　性：结小群在潮间带沿海滩涂及沙滩取食。

保护级别：三有保护鸟类　LC

## 矶鹬（*Actitis hypoleucos*）

**丘鹬科**（Scolopacidae），**矶鹬属**（*Actitis*）

主要特征：体型略小（20厘米）的褐色及白色鹬。嘴短，性活泼，翼不及尾。上体褐色，飞羽近黑。下体白色，胸侧具灰褐色块斑。特征为飞行时翼上具白色横纹，腰无白色，外侧尾羽无白色横斑。翼下具黑色及白色横纹。虹膜—褐色；嘴—深灰；脚—浅橄榄绿。叫声为细而高的管笛音twee-wee-wee-wee。

分布范围：繁殖于古北界及喜马拉雅山脉。冬季迁徙至非洲、印度次大陆、东南亚并远至澳大利亚。

分布状况：常见。繁殖于中国西北、中北及东北。冬季南迁至北纬32° 以南的沿海、河流及湿地。

习　　性：光顾不同的栖息生境，从沿海滩涂和沙洲至海拔1500米的山地稻田及溪流、河流两岸。行走时头不停地点动，并具两翼僵直滑翔的特殊姿势。

保护级别：三有保护鸟类　LC

## 尖尾滨鹬（*Calidris acuminata*）

丘鹬科（Scolopacidae），滨鹬属（*Calidris*）

**主要特征：** 体型略小（19厘米）而嘴短的滨鹬。头顶棕色，眉纹色浅，胸皮黄色。特征为下体具粗大的黑色纵纹。腹白，尾中央黑色，两侧白色。似冬季的长趾滨鹬，但顶冠多棕色。夏季鸟体羽多棕色，通常比斑胸滨鹬鲜亮。幼鸟色彩较艳丽。虹膜—褐色；嘴—黑色；腿及脚—偏黄至绿色。叫声为轻柔的trrt或wheep声，尖细如流水般的吱吱声whit-whit, whit-it-it及轻微的呻吟声。

**分布范围：** 繁殖于西伯利亚。冬季迁徙至新几内亚、澳大利亚及新西兰。

**分布状况：** 甚常见的迁徙过境鸟。在中国东北、沿海省份及云南均有记录。冬季在台湾也有过记录。

**习　　性：** 栖于沼泽地带及沿海滩涂、泥沼、湖泊及稻田。常与其他涉禽混群。

**保护级别：** 三有保护鸟类　LC

## 金眶鸻（*Charadrius dubius*）

**鸻科**（Charadriidae），**鸻属**（*Charadrius*）

**主要特征：** 体小（16厘米）的黑、灰及白色鸻。嘴短。与环颈鸻及马来鸻的区别在于具黑色或褐色的全胸带，腿黄色。与剑鸻的区别在于黄色眼圈明显，翼上无横纹。成鸟黑色部分在亚成鸟为褐色。飞行时翼上无白色横纹。热带地区的亚种*jerdoni*体型略小。虹膜—褐色；嘴—灰色；腿—黄色。飞行时发出清晰而柔和的拖长降调哨音pee-oo。

**分布范围：** 北非、古北界、东南亚至新几内亚。北方鸟南迁越冬。

**分布状况：** 一般性常见。亚种*curonicus*繁殖于华北、华中、华东及华南，迁徙经东部省份至云南南部、海南岛、广东、福建、台湾沿海及河口越冬；*jerdoni*繁殖于西藏南部、四川南部及云南，南迁越冬。

**习　　性：** 通常出现在沿海溪流及河流的沙洲，也见于沼泽地带及沿海滩涂，有时见于内陆。

**保护级别：** 三有保护鸟类　LC

## 林 鹬（*Tringa glareola*）

丘鹬科（Scolopacidae），鹬属（*Tringa*）

**主要特征：** 体型略小（20厘米），纤细，灰褐色，腹部及臀偏白，腰白。上体灰褐色且密布斑点。眉纹长，白色。尾白而具褐色横斑。飞行时尾部的横斑、白色的腰部及下翼以及翼上无横纹为本种特征。脚远伸于尾后。与白腰草鹬的区别在于腿较长，黄色较深，翼下色浅，眉纹长，外形纤细。虹膜—褐色；嘴—黑色；脚—浅黄至橄榄绿色。叫声为高调哨音chee-chee-chee。告警时发出chiff-iff-iff声。不如青脚鹬叫声悦耳。

**分布范围：** 繁殖于欧亚大陆北部。冬季南迁至非洲、印度次大陆、东南亚及澳大利亚。

**分布状况：** 繁殖于黑龙江及内蒙古东部。迁徙时常见于中国全境。越冬于海南岛、台湾、广东及香港。偶见于河北及东部沿海。

**习　　性：** 喜沿海多泥的栖息环境，但也出现在内陆高可至海拔750米的稻田及淡水沼泽。通常结成松散小群，可多达20余只，有时也与其他涉禽混群。

**保护级别：** 三有保护鸟类　LC

## 青脚鹬（*Tringa nebularia*）

**丘鹬科**（Scolopacidae），**鹬属**（*Tringa*）

主要特征：中等体型（32厘米）的高挑偏灰色鹬。形长的腿近绿，灰色的嘴长而粗且略向上翻。上体灰褐色而具杂色斑纹，翼尖及尾部横斑近黑。下体白色，喉、胸及两胁具褐色纵纹。背部的白色长条于飞行时尤为明显。翼下具深色细纹（小青脚鹬为白色）。与泽鹬的区别在于体型较大，腿较短，叫声独特。虹膜—褐色；嘴—灰色，端黑；脚—黄绿。叫声喧闹，发出响亮悦耳的chew chew chew声。

分布范围：繁殖于古北界，从英国至西伯利亚。越冬于非洲南部、印度次大陆、东南亚至澳大利亚。

分布状况：常见的冬候鸟。迁徙时见于中国大部分地区。结大群于西藏南部及中国长江以南的大部分地区越冬。

习　　性：喜沿海和内陆的沼泽地带及大河流的泥滩。通常单独或三两成群。进食时嘴在水里左右甩动寻找食物。头时常紧张地上下点动。

保护级别：三有保护鸟类　LC

## 扇尾沙锥（*Gallinago gallinago*）

**丘鹬科**（Scolopacidae），**沙锥属**（*Gallinago*）

**主要特征**：中等体型（26厘米）而色彩明快的沙锥。两翼细而尖，嘴长。脸皮黄色，眼部上、下条纹及贯眼纹色深。上体深褐色，具白色和黑色的细纹及蠹斑。下体浅皮黄色，具褐色纵纹。色彩与大沙锥、澳南沙锥及针尾沙锥相似，但扇尾沙锥的次级飞羽具白色宽后缘，翼下具白色宽横纹，飞行较迅速、较高、较不稳健，并常发出急叫声。皮黄色眉线与浅色脸颊形成对比。肩羽边缘浅色，比内缘宽。肩部线条较居中线条为浅。虹膜—褐色；嘴—褐色；脚—橄榄色。叫声为响亮而有节律的tick-a tick-a tick-a声，常于栖处鸣叫。被驱赶而告警时发出响亮而上扬的大叫声jett...jett。

**分布范围**：繁殖于古北界。南迁越冬于非洲、印度及东南亚。

**分布状况**：繁殖于中国东北及西北的天山地区。迁徙时常见于中国大部分地区。越冬于西藏南部、云南及中国北纬32° 以南的大多数地区。

**习　　性**：栖于沼泽地带及稻田，通常隐蔽在高大的芦苇丛中，被赶时跳出并作锯齿形飞行，边飞边发出警叫声。空中炫耀时向上攀升并俯冲，外侧尾羽伸出，颤动有声。

**保护级别**：三有保护鸟类　LC

## 水　雉（*Hydrophasianus chirurgus*）

**雉鸻科**（Jacanidae），**水雉属**（*Hydrophasianus*）

**主要特征：** 体型略大（33厘米）、尾特长的深褐色及白色水雉。飞行时白色的翼明显。非繁殖羽：头顶、背及胸上横斑灰褐色，颏、前颈、眉、喉及腹部白色，两翼近白。黑色的贯眼纹延伸至颈侧，下枕部金黄色。初级飞羽羽尖特长，形状奇特。虹膜—黄色；嘴—黄色/灰蓝（繁殖期）；脚—棕灰/偏蓝（繁殖期）。告警时发出响亮的鼻音喵喵声。

**分布范围：** 印度至中国、东南亚。南迁至菲律宾及大巽他群岛越冬。

**分布状况：** 以往为常见的季节性候鸟，现因缺少宁静的栖息生境已相当罕见。繁殖于中国北纬32° 以南的所有地区。部分鸟在台湾及海南越冬。

**习　　性：** 常在小型池塘及湖泊的浮游植物如睡莲及荷花的叶片上行走。挑挑拣拣地找食，间或短距离跃飞到新的取食点。

**保护级别：** 四川省重点保护野生动物　三有保护鸟类　LC

## 火斑鸠（*Streptopelia tranquebarica*）

**鸠鸽科**（Columbidae），**斑鸠属**（*Streptopelia*）

主要特征：体小（23厘米）的酒红色斑鸠。特征为颈部的黑色半领圈前端白色。雄鸟头部偏灰，下体偏粉，翼覆羽棕黄。初级飞羽近黑，青灰色的尾羽羽缘及外侧尾端白色。雌鸟色较浅且暗，头暗棕色，体羽红色较少。虹膜—褐色；嘴—灰色；脚—红色。叫声为深沉的cru-u-u-u-u声，重复数次，重音在第一音节。

分布范围：喜马拉雅山脉、印度、中国至东南亚。

分布状况：华南、华东的开阔林地和较干旱的沿海林地与次生植被条件下的留鸟，并越过青藏高原南部及东部至华北、华中、华东及华南的大多数地区。北方种群于南方越冬。常为香港的冬候鸟。

习　　性：在地面急切地边走边找食物。

保护级别：三有保护鸟类　LC

## 山斑鸠（*Streptopelia orientalis*）

**鸠鸽科**（Columbidae），**斑鸠属**（*Streptopelia*）

主要特征：中等体型（32厘米）的偏粉色斑鸠。与珠颈斑鸠的区别在于颈侧有带明显黑白色条纹的块状斑。上体的深色扇贝形斑纹体羽羽缘棕色，腰灰色，尾羽近黑，尾梢浅灰。下体多偏粉色，脚粉红。与灰斑鸠的区别在于体型较大。虹膜—黄色；嘴—灰色；脚—粉红。叫声为悦耳的kroo kroo-kroo kroo声。

分布范围：喜马拉雅山脉、印度、东北亚、中国。北方鸟南迁越冬。

分布状况：常见且分布广泛。亚种*meena*在中国西部及西北为留鸟；指名亚种为西藏南部至中国东北大多数地区的留鸟或夏季繁殖鸟；*orii*为台湾的留鸟；*agricola*见于云南南部及西南部。春季结大群途经中国南部。于喜马拉雅山脉分布至高海拔。

习　　性：成对活动，多在开阔农耕区、村庄及寺院周围，取食于地面。

保护级别：三有保护鸟类　LC

## 珠颈斑鸠（*Streptopelia chinensis*）

**鸠鸽科**（Columbidae），**斑鸠属**（*Streptopelia*）

主要特征：中等体型（30厘米）的粉褐色斑鸠。尾略显长，外侧尾羽前端的白色甚宽，飞羽较体羽色深。明显特征为颈侧满是白点的黑色块斑。虹膜—橘黄；嘴—黑色；脚—红色。叫声为轻柔悦耳的ter-kuk-kurr声，不断重复，最后一音加重。

分布范围：常见并广布于东南亚。经小巽他群岛引种至其他地区，远及澳大利亚。

分布状况：常见的留鸟，见于华中、西南、华南及华东各地开阔的低地及村庄。亚种*tigrina*于云南西南部的怒江以西；*vacillans*于云南其余地区及四川南部；*hainana*于海南岛；*formosana*于台湾；指名亚种于其分布区域内的其他地区。

习　　性：与人类共生，栖于村庄周围及稻田，取食于地面，常成对立于开阔路面。受惊扰后缓缓振翅，贴地而飞。

保护级别：三有保护鸟类　LC

## 大杜鹃（*Cuculus canorus*）

**杜鹃科**（Cuculidae），**杜鹃属**（*Cuculus*）

**主要特征：** 中等体型（32厘米）的杜鹃。上体灰色，尾偏黑色，腹部近白而具黑色横斑。“棕红色”变异型雌鸟为棕色，背部具黑色横斑。与四声杜鹃的区别在于虹膜黄色，尾上无次端斑。与雌中杜鹃的区别在于腰无横斑。幼鸟枕部有白色块斑。虹膜及眼圈—黄色；嘴—上嘴色深，下嘴黄色；脚—黄色。叫声为响亮清晰的标准型kuk-oo声，通常只在繁殖地才能听到。

**分布范围：** 繁殖于欧亚大陆。迁徙至非洲及东南亚。

**分布状况：** 常见。夏季繁殖于中国大部分地区。亚种*subtelephonus*于新疆至内蒙古中部；指名亚种于新疆北部阿尔泰山、东北、陕西及河北；*fallax*于华东及华南；*bakeri*于青海、四川至西藏南部及云南。

**习　　性：** 喜开阔的有林地带及大片芦苇地，有时停在电线上寻找大苇莺的巢。

**保护级别：** 三有保护鸟类　LC

## 红翅凤头鹃（*Clamator coromandus*）

**杜鹃科**（Cuculidae），**凤头鹃属**（*Clamator*）

**主要特征：** 体大（45厘米）的黑白色及棕色杜鹃。尾长，具显眼的直立凤头。顶冠及凤头黑色，背及尾黑色而带蓝色光泽，翼栗色，喉及胸橙褐色，颈圈白色，腹部近白。亚成鸟上体具棕色鳞状纹，喉及胸偏白。虹膜—红褐；嘴—黑色；脚—黑色。叫声为响亮而粗哑刺耳的chee-ke-kek声及一种呼啸声。

**分布范围：** 繁殖于印度、中国南部及东南亚。迁徙至菲律宾及印度尼西亚。

**分布状况：** 华东、华中、西南及华南海拔1500米以下适宜环境中的偶见繁殖鸟。台湾罕见。

**习　　性：** 似地鹃，攀行于低矮植被丛中捕食昆虫。振翅与飞行时凤头收拢。

**保护级别：** 四川省重点保护野生动物　三有保护鸟类　LC

## 栗斑杜鹃（*Cacomantis sonneratii*）

**杜鹃科**（Cuculidae），**八声杜鹃属**（*Cacomantis*）

主要特征：体小（22厘米）的褐色多横斑型杜鹃。成鸟上体深褐色，下体偏白，全身满布黑色横斑，具明显的浅色眉纹。亚成鸟褐色，具黑色纵纹及块斑而非横斑。虹膜—黄红；嘴—上嘴偏黑，下嘴近黄；脚—灰绿。叫声为尖而有韵的四声叫，声如smoke-yer-pepper。与四声杜鹃的四声叫的区别在于较快，较压抑，四声不够清晰。繁殖期叫声为升调的四个慢声，接以3~6个两三个音节的快音，音调上升至突然停止，也发出tay-ta-tee的叫声。

分布范围：印度、中国、婆罗洲、苏门答腊及附近岛屿、爪哇和菲律宾。

分布状况：指名亚种为四川西南部及云南南部（西双版纳）的罕见低山鸟，高可至海拔900米，偶至1200米。

习　　性：喜开阔的林地、林边、次生灌丛及农耕区。常闻其声，不见其鸟。

保护级别：四川省重点保护野生动物　三有保护鸟类　LC

## 鹰　鹃（*Hierococcyx sparverioides*）

**杜鹃科**（Cuculidae），**鹰鹃属**（*Hierococcyx*）

主要特征：体型略大（40厘米）的灰褐色鹰样杜鹃。尾部次端斑棕红，尾端白色。胸棕色，具白色及灰色斑纹。腹部具白色及褐色横斑而染棕色。颏黑色。亚成鸟上体褐色且带棕色横斑，下体皮黄而具近黑色纵纹。与鹰类的区别在于其姿态及嘴形。虹膜—橘黄；嘴—上嘴黑色，下嘴黄绿；脚—浅黄。繁殖期发出pi-peea或brain-fever的叫声，速度及音调不断升高至狂暴高潮。

分布范围：喜马拉雅山脉、中国南部、菲律宾、婆罗洲及苏门答腊的留鸟。冬季见于苏拉威西及爪哇。

分布状况：指名亚种为华中、华东、华南及西南不常见的夏季繁殖鸟；一些为云南南部及海南岛的留鸟。偶见于台湾及河北。

习　　性：喜开阔林地，高可至海拔1600米。典型的隐于树冠的杜鹃。

保护级别：四川省重点保护野生动物　三有保护鸟类　LC

## 噪 鹃（*Eudynamys scolopacea*）

**杜鹃科**（Cuculidae），**噪鹃属**（*Eudynamys*）

主要特征：体大（42厘米）的杜鹃。全身黑色（雄鸟）或白色杂灰褐色（雌鸟）。虹膜—红色；嘴—浅绿；脚—蓝灰。日夜发出嘹亮的kow-wow声，重音在第二音节，重复多达12次，音速、音高渐增。也发出更尖声刺耳、速度更快的kuil kuil kuil kuil声。

分布范围：印度、中国及东南亚。

分布状况：亚种*chinensis*为中国北纬35°以南大多数地区的夏季繁殖鸟；*harterti*为海南岛的留鸟。

习　　性：昼夜不停的响亮叫声吸引着观鸟者，但几乎无人见过此鸟，因其极隐蔽，常躲在稠密的红树林、次生林、森林、园林及人工林中。借乌鸦、卷尾及黄鹂的巢产卵。

保护级别：三有保护鸟类　LC

## 白胸翡翠（*Halcyon smyrnensis*）

**翠鸟科（Alcedinidae），翡翠属（*Halcyon*）**

主要特征：体型略大（27厘米）的蓝色及褐色翡翠鸟。颏、喉及胸部白色，头、颈及下体余部褐色。上背、翼及尾蓝色鲜亮如闪光（晨光中看似青绿色），翼上覆羽上部及翼端黑色。虹膜—深褐；嘴—深红；脚—红色。飞行或栖立时发出响亮的kee kee kee kee尖叫声，也发出沙哑的chewer chewer chewer声。

分布范围：中东、印度、中国及东南亚。

分布状况：于中国北纬28° 以南的大部分地区为相当常见的留鸟，高可至海拔1200米。在台湾为迷鸟。

习　　性：性活泼而喧闹，捕食于旷野、河流、池塘及海边。

保护级别：LC

## 戴　胜（*Upupa epops*）

**戴胜科**（Upupidae），**戴胜属**（*Upupa*）

主要特征：中等体型（30厘米）的色彩鲜明的鸟。具长而尖黑的耸立型粉棕色丝状羽冠。头、上背、肩及下体粉棕色，两翼及尾具黑白相间的条纹。嘴长且下弯。指名亚种羽冠黑色，羽尖下具次端白色斑。虹膜—褐色；嘴—黑色；脚—黑色。叫声为低柔的单音调hoop-hoop hoop，伴以上下点头的动作。繁殖期雄鸟偶尔发出银铃般悦耳的叫声。

分布范围：非洲、欧亚大陆、中南半岛。

分布状况：常见的留鸟和候鸟。在中国绝大部分地区有分布，高可至海拔3000米。指名亚种为候鸟，可能繁殖于新疆西部；*longirostris*为云南南部、广西及海南岛的留鸟；*saturata*繁殖于中国其余地区及新疆南部，北方鸟冬季南迁至长江以南地区，偶见于台湾。

习　　性：性活泼，喜开阔潮湿地面，长长的嘴在地面翻动寻找食物。有警情时羽冠立起，起飞后松懈下来。

保护级别：三有保护鸟类　LC

佛法僧目 CORACIIFORMES

## 普通翠鸟（*Alcedo atthis*）

翠鸟科（Alcedinidae），翠鸟属（*Alcedo*）

主要特征：体小（15厘米）、具亮蓝色及棕色的翠鸟。上体金属浅蓝绿色，颈侧具白色点斑。下体橙棕色，颏白。幼鸟色暗淡，具深色胸带。橘黄色条带横贯眼部及耳羽为本种区别于蓝耳翠鸟及斑头大翠鸟的特征。虹膜—褐色；嘴—雄鸟黑色，雌鸟下颚橘黄；脚—红色。叫声为拖长音的尖叫声tea-cher。

分布范围：广泛分布于欧亚大陆、东南亚。

分布状况：指名亚种繁殖于天山，在西藏西部较低海拔处越冬；*bengalensis*为常见的留鸟，分布于中国的东北、华东、华中、华南及西南，高可至海拔1500米。

习　　性：常出没于开阔郊野的淡水湖泊、溪流、运河、鱼塘及红树林。栖于岩石或探出的枝头上，转头四顾寻鱼而入水捉之。

保护级别：三有保护鸟类　LC

## 棕胸佛法僧（*Coracias benghalensis*）

**佛法僧科**（Coraciidae），**佛法僧属**（*Coracias*）

主要特征：体型略大（33厘米）的蓝灰色佛法僧。灰色的嘴细而下弯。停栖时此鸟看似暗淡，但近看其头顶、尾覆羽及两翼为华美的青蓝色组合，喉、上背及部分飞羽浅紫，背部及中央尾羽暗绿。飞行时两翼及尾部的鲜艳蓝色非常显眼。与三宝鸟的区别在于嘴黑色。与蓝胸佛法僧的区别在于头及胸部蓝色较少。虹膜—褐色；嘴—灰色；脚—暗黄。叫声为粗哑似乌鸦的chak chak声。

分布范围：亚洲南部、印度至中国西南。

分布状况：偶见于中国南方的开阔原野及农田。

习　　性：于栖木上俯冲下来捕食昆虫。炫耀飞行时如麦鸡般上下翻飞。

保护级别：三有保护鸟类　LC

## 暗灰鹃鵙（*Coracina melaschistos*）

鸦科（Corvidae），鸦鹃鵙属（*Coracina*）

主要特征：中等体型（23厘米）的灰色及黑色鹃鵙。雄鸟青灰色，两翼亮黑，尾下覆羽白色，尾羽黑色，三枚外侧尾羽的羽尖白色。雌鸟似雄鸟，但色浅，下体及耳羽具白色横斑，白色眼圈不完整，翼下通常具一小块白斑。虹膜—红褐；嘴—黑色；脚—铅蓝。鸣声为三或四个缓慢而有节奏的下降笛音wii wii jeeow jeeow。

分布范围：喜马拉雅山脉、中国的台湾和海南岛、东南亚。

分布状况：罕见至地方性常见于低地及高可至海拔2000米的山区。指名亚种为留鸟，见于西藏东南部至云南西北部；*avensis*于中国西南；*intermedia*于华中、华东及华南，有些北方鸟冬季南迁至云南、华南及台湾；*saturata*为留鸟，见于海南岛。

习　　性：栖于甚开阔的林地及竹林。冬季从山区森林下迁越冬。

保护级别：三有保护鸟类　LC

## 暗绿柳莺（*Phylloscopus trochiloides*）

**莺科**（Sylviidae），**柳莺属**（*Phylloscopus*）

主要特征：体型略小（10厘米）的柳莺。背深绿色。通常仅具一道黄白色翼斑。尾无白色。长眉纹黄白色，偏灰色的顶纹与头侧绿色几无对比。过眼纹深色，耳羽具暗色的细纹。下体灰白，两胁沾橄榄色。眼圈近白。与叽咋柳莺的区别在于翼斑粗显，过眼纹较宽。比乌嘴柳莺和极北柳莺体小而嘴细，头较小，初级飞羽较短。极北柳莺和双斑绿柳莺通常有第二道翼斑。虹膜—褐色；嘴—上嘴角质色，下嘴偏粉色；脚—褐色。叫声为响而尖的tiss-yip声，似白鹡鸰，也发出pseeeoo叫声。鸣声似山雀，由叫声导出欢快的短句并以快速的嘟声收尾。

分布范围：繁殖于亚洲北部及喜马拉雅山脉。越冬于印度、海南岛及东南亚。

分布状况：常见的季节性候鸟。亚种*viridianus*繁殖于中国西北，越冬于印度；指名亚种繁殖于中国中部至云南西北部，越冬于西藏东南部及云南南部；*obscuratus*繁殖于青海、西藏东部及南部，越冬于云南。

习　　性：夏季栖于高海拔的灌丛及林地，冬季下迁至低地森林、灌丛及农田。

保护级别：三有保护鸟类　LC

雀形目 PASSERIFORMES

## 暗绿绣眼鸟（*Zosterops japonicus*）

**绣眼鸟科**（Zosteropidae），**绣眼鸟属**（*Zosterops*）

主要特征：体小（10厘米）而可人的群栖型鸟。上体鲜亮橄榄绿色，具明显的白色眼圈和黄色的喉及臀部。胸及两胁灰色，腹白。无红胁绣眼鸟的栗色两胁及灰腹绣眼鸟腹部的黄色带。虹膜—浅褐；嘴—灰色；脚—偏灰。不断发出轻柔的tzee声及平静的颤音。

分布范围：日本、中国、缅甸及越南北部。

分布状况：亚种*simplex*为留鸟或夏季繁殖鸟，见于中国华东、华中、西南及华南，冬季北方鸟南迁；*hainana*为海南岛的留鸟；*batanis*为留鸟，见于兰屿及台湾东南部的绿岛。常见于林地、林缘、公园及城镇。常被捕捉为笼鸟，因此有些逃逸鸟。

习　　性：性活泼而喧闹，于树顶觅食小型昆虫、小浆果及花蜜。

保护级别：三有保护鸟类　LC

## 八　哥（*Acridotheres cristatellus*）

**棕鸟科（Sturnidae），八哥属（*Acridotheres*）**

主要特征：体大（26厘米）的黑色八哥。羽冠突出。与林八哥的区别在于羽冠较长，嘴基部红色或粉红色，尾端有狭窄的白色，尾下覆羽具黑及白色横纹。虹膜—橘黄；嘴—浅黄，基部红色或粉红色；脚—暗黄。叫声似家八哥。经笼养能学“说话”。

分布范围：中国及中南半岛。引种至菲律宾及婆罗洲。

分布状况：指名亚种为留鸟，见于长江中游水源处从四川东部及陕西南部至南方；*brevipennis*于海南岛；*formosanus*于台湾。

习　　性：结小群生活，一般见于旷野或城镇及花园，在地面高视阔步而行。

保护级别：三有保护鸟类　LC

## 白斑翅拟蜡嘴雀（*Mycerobas carnipes*）

**燕雀科**（Fringillidae），**拟蜡嘴雀属**（*Mycerobas*）

主要特征：体大（23厘米）且头大的黑色和暗黄色雀鸟。嘴厚重。繁殖期雄鸟外形似雄白点翅拟蜡嘴雀，但腰黄，胸黑，三级飞羽及大覆羽羽端点斑黄色，初级飞羽基部白色块斑在飞行时明显易见。雌鸟似雄鸟，但色暗，灰色取代黑色，脸颊及胸部具模糊的浅色纵纹。幼鸟似雌鸟，但褐色较重。虹膜—深褐；嘴—灰色；脚—粉褐。鸣声为重复的沙哑add-a-dit-di-di-di-dit声。叫声为带鼻音的shwenk或wet-et-et声。

分布范围：伊朗东北部、喜马拉雅山脉至中国西部天山，东至中国中部及西南。

分布状况：地方性常见于海拔2800～4600米沿林线的冷杉、松树及矮小桧树上，于新疆西部（天山、喀什），西藏南部、东南部及东部，四川，云南西北部，青海，甘肃，陕西南部，宁夏和内蒙古西部。

习　　性：冬季结群活动，常与朱雀混群。嗑食种子时极吵嚷。甚不惧人。

保护级别：LC

## 白斑黑石䳭（*Saxicola caprata*）

**鹟科**（Muscicapidae）**，石䳭属**（*Saxicola*）

**主要特征：** 体小（13.5厘米）的黑白色䳭。雄鸟通体烟黑，仅醒目的翼上条纹及腰部为白色。雌鸟多具褐色纵纹，腰浅褐色。亚成鸟褐色而多点斑。虹膜—深褐；嘴—黑色；脚—黑色。告警时发出似责骂的chuh声。鸣声为悦耳的细弱哨音chip-chepee-cheweechu。

**分布范围：** 伊朗至中国西南、东南亚。

**分布状况：** 常见于低地至海拔3300米。亚种*burmanica*为中国西南的留鸟。

**习　　性：** 喜干燥、开阔的多草原野。栖于突出地点，如矮树丛顶、岩石、柱子或电线，振翅追捕小昆虫等猎物。雄鸟鸣唱或兴奋时尾上翘。

**保护级别：** LC

## 白斑尾柳莺（*Phylloscopus davisoni*）

**莺科**（Sylviidae），**柳莺属**（*Phylloscopus*）

主要特征：中等体型（10.5厘米）的柳莺。上体亮绿色，具两道近黄色的翼斑。下体白而染黄。顶纹模糊，粗眉纹黄色，过眼纹近深绿色。外侧三枚尾羽具白色内缘，且延伸至外翈。甚似峨眉柳莺及冠纹柳莺，最好以声音及行为来区别，但外侧尾羽的白色较多。峨眉柳莺的顶纹不清晰且少黄色。冠纹柳莺上体绿色较少，下体更白。亚种*disturbans*下体黄色较少，尾羽白色也少；*ogilveigranti*色较深，下体污白而具黄色纵纹。虹膜—褐色；嘴—上嘴色深，下嘴粉红；脚—粉褐。鸣声似山雀，为典型的高调单音节pitsu接三音节titsui–titsui–titsui或双音节titsu–titsu。叫声类似，为单音的pitsiu或pitsitsui声。

分布范围：中国南方及中南半岛。

分布状况：不常见的季节性候鸟。指名亚种繁殖于云南西部、西北部及南部；*disturbans*于四川、贵州、云南东南部、广东、香港，可能于海南岛；*ogilviegranti*繁殖于中国东南部山区和福建西北部的武夷山，并可能于广东北部的八宝山。

习　　性：两翼同时快速鼓振，与冠纹柳莺相反。

保护级别：三有保护鸟类　LC

## 白顶溪鸲（*Chaimarrornis leucocephalus*）

**鹟科**（Muscicapidae），**溪鸲属**（*Chaimarrornis*）

**主要特征：** 体大（19厘米）的黑色及栗色溪鸲。头顶及颈背白色，腰、尾基部及腹部栗色。雄雌同色。亚成鸟色暗而近褐，头顶具黑色鳞状斑纹。虹膜—褐色；嘴—黑色；脚—黑色。叫声为甚哀怨的尖亮上升音tseeit tseeit。鸣声为细弱的高低起伏哨音。

**分布范围：** 中亚、喜马拉雅山脉、中国。越冬于印度及中南半岛。

**分布状况：** 甚常见于中国多数地区和喜马拉雅山脉的山涧溪流及河流。繁殖于上水头，高可至海拔4000米。冬季沿河溪下迁。

**习　　性：** 常立于水中或近水的突出岩石上，降落时不停地点头且具黑色羽梢的尾不停地抽动。求偶时作奇特的摇晃头部的炫耀。

**保护级别：** LC

## 白腹姬鹟（*Cyanoptila cyanomelana*）

**鹟科**（Muscicapidae），**双色姬鹟属**（*Cyanoptila*）

主要特征：雄鸟为体大（17厘米）的蓝、黑及白色鹟。特征为脸、喉及上胸近黑色，上体闪光钴蓝色，下胸、腹部及尾下覆羽白色。外侧尾羽基部白色，深色的胸部与白色的腹部截然分开。亚种*cumatilis*青绿色、深蓝绿色取代黑色。雌鸟上体灰褐色，两翼及尾褐色，喉中心及腹部白色。与北灰鹟的区别在于体型较大且无浅色眼先。雄性幼鸟的头、颈背及胸近烟褐色，两翼、尾及尾上覆羽蓝色。虹膜—褐色；嘴及脚—黑色。叫声为粗哑的tchk tchk 声。冬季通常不叫。

分布范围：繁殖于东北亚。冬季南迁至中国、马来半岛、菲律宾及大巽他群岛。

分布状况：不常见于高可至海拔1200米的热带山麓森林。指名亚种迁徙时经过中国东半部，部分鸟在台湾及海南岛越冬；*cumatilis*繁殖于中国东北，迁徙时经中国南方至东南亚越冬。

习　　性：喜有原始林及次生林的多林地带，在高林层取食。

保护级别：LC

## 白喉红臀鹎（*Pycnonotus aurigaster*）

**鹎科**（Pycnonotidae），**鹎属**（*Pycnonotus*）

主要特征：中等体型（20厘米）、头顶黑色的鹎。腰苍白，臀红，颏及头顶黑，领环、腰、胸及腹部白，两翼黑，尾褐。幼鸟臀偏黄。与红耳鹎的区别在于羽冠较短，脸颊无红色。虹膜—红色；嘴及脚—黑色。叫声为悦耳的笛声及响亮的粗喘声chook chook。

分布范围：中国南方、东南亚。

分布状况：甚常见的低地种类，见于高可至海拔500米的中国东南部（*chrysorrhoides*），广东西南部和广西西部（*resurrectus*），西南地区（*latouchei*）。

习　　性：群栖，吵嚷，性活泼，常与其他鹎类混群。喜开阔林地或有矮丛的栖息环境、林缘、次生植被、公园及林园。

保护级别：三有保护鸟类　LC

## 白喉红尾鸲（*Phoenicurus schisticeps*）

**鹟科**（Muscicapidae），**红尾鸲属**（*Phoenicurus*）

**主要特征：** 中等体型（15厘米）、色彩鲜艳的红尾鸲。特征为具白色喉块，外侧尾羽的棕色仅限于基半部。雄鸟头顶及颈背深青石蓝色，额及眉纹的蓝色较鲜艳，上背灰黑，尾多黑色，下背棕色，腹中心及臀部皮黄白色，两翼多白色条纹，三级飞羽羽缘白色。雌鸟头顶及背部冬季沾褐色，眼圈皮黄，尾、白色喉块及翼上白色条纹同雄鸟。尚具点斑羽衣的幼鸟，其白色喉块已清楚可辨。虹膜—褐色；嘴—黑色；脚—黑色。告警时发出拖长的zick声接以不停的咯咯叫声。鸣声不详。

**分布范围：** 中国中部、西藏高原。一些鸟在印度东北部及缅甸北部越冬。

**分布状况：** 繁殖于海拔2400～4300米的陕西南部（秦岭）、甘肃南部、青海东部及东南部、四川至云南西北部及西藏东南部。

**习　　性：** 夏季单独或成对栖于亚高山针叶林的浓密灌丛，冬季下迁至村庄及低地。多喜飞行而性野。迁徙时结小群。

**保护级别：** LC

## 白喉扇尾鹟（*Rhipidura albicollis*）

**鸦科**（Corvidae），**扇尾鹟属**（*Rhipidura*）

主要特征：中等体型（19厘米）的深色扇尾鹟。几乎全身深灰色（野外看似黑色），颏、喉、眉纹及尾端白色，下体深灰色而有别于白眉扇尾鹟，但有个别个体下体色浅。虹膜—褐色；嘴及脚—黑色。鸣声高而薄，三个间隔相等的tut声接以三个或更多的降音，也发出尖声的cheet音。

分布范围：喜马拉雅山脉、中国南部及东南亚。

分布状况：指名亚种繁殖于中国西南及海南岛高可至海拔3000米的湿润山区森林。

习　　性：似其他扇尾鹟。加入混合鸟群，常栖于竹林密丛。

保护级别：LC

## 白喉噪鹛（*Garrulax albogularis*）

莺科（Sylviidae），噪鹛属（*Garrulax*）

**主要特征：** 中等体型（28厘米）的暗褐色噪鹛。特征为喉及上胸白色。亚种*laetus*额有狭窄棕色；*albogularis*的额棕色宽；*ruficeps*整个头顶及颈背全棕色。上体余部暗烟褐色，外侧四对尾羽羽端白色，下体具灰褐色胸带，腹部棕色。台湾的亚种尾下覆羽白色。虹膜—偏灰或褐色（台湾的亚种）；嘴—深角质色；脚—偏灰。似喘息的群鸟叫声，轻柔的teer teer联络叫声。告警时发出tzzzzzzzzzzzzzz声，兴奋时发出尖叫声及似笑叫声。

**分布范围：** 中国中部和西南及台湾、喜马拉雅山脉、越南北部。

**分布状况：** 甚常见。指名亚种于西藏南部及云南的中海拔常绿林；*laetus*于青海南部及四川海拔1200～4600米的山区；*ruficeps*甚常见于台湾海拔850～1800米的原始阔叶林及桧树林。

**习　　性：** 性吵嚷，结小至大群栖于森林树冠层或浓密的棘丛。

**保护级别：** 三有保护鸟类　LC

## 白鹡鸰（*Motacilla alba*）

**麻雀科**（Passeridae），**鹡鸰属**（*Motacilla*）

**主要特征：** 中等体型（20厘米）的黑、灰及白色鹡鸰。上体灰色，下体白色，两翼及尾黑白相间。冬季头后、颈背及胸具黑色斑纹，但不如繁殖期扩展。黑色的多少随亚种而异。亚种*dukhunensis*及*ocularis*颏及喉黑色；*baicalensis*颏及喉灰色；其余亚种颏及喉白色。亚种*ocularis*有黑色贯眼纹。雌鸟似雄鸟，但色较暗。亚成鸟灰色取代成鸟的黑色。虹膜—褐色；嘴及脚—黑色。叫声为清晰而生硬的chissick声。

**分布范围：** 非洲、欧洲及亚洲。繁殖于东亚的鸟南迁至东南亚越冬。

**分布状况：** 常见于中等海拔地区，高可至海拔1500米。亚种*personata*繁殖于中国西北；*baicalensis*繁殖于中国极北部及东北；*dukhunensis*迁徙时见于中国西北；*ocularis*越冬于中国南方。

**习　　性：** 栖于近水的开阔地带、稻田、溪流边及道路上。受惊扰时发出告警叫声。

**保护级别：** 三有保护鸟类　LC

## 白颊噪鹛（*Garrulax sannio*）

**莺科**（Sylviidae），**噪鹛属**（*Garrulax*）

主要特征：中等体型（25厘米）的灰褐色噪鹛。尾下覆羽棕色。特征为皮黄白色的脸部图纹系眉纹及下颊纹由深色的眼后纹所隔开。亚种有细微差异。中国西南的亚种*comis*脸色较白；华中的亚种*oblectans*比东南的指名亚种多橄榄色。虹膜—褐色；嘴—褐色；脚—灰褐。叫声为偏高的铃声般叫声和唧喳叫声，以及不连贯的咯咯叫声。

分布范围：印度东北部、缅甸北部及东部、中国华中及华南、中南半岛北部。

分布状况：所有亚种均甚常见于中等海拔地区，高可至海拔2600米。

习　　性：不如大多数噪鹛那样惧生。隐匿于次生灌丛、竹丛及林缘空地。

保护级别：三有保护鸟类　LC

## 白颈鸦（*Corvus torquatus*）

**鸦科**（Corvidae），**鸦属**（*Corvus*）

**主要特征：**体大（54厘米）的亮黑及白色鸦。嘴粗厚，颈背及胸带强反差的白色使其有别于同地区的其他鸦类，仅达乌里寒鸦略似，但寒鸦较之白颈鸦体甚小而下体白色甚多。虹膜—深褐；嘴—黑色；脚—黑色。叫声比达乌里寒鸦声粗且少哞音。通常叫声响亮，常重复kaaarr声，也发出几种嘎嘎声及咔嗒声。叫声一般比大嘴乌鸦音高。

**分布范围：**中国华中、华南及华东，并至越南北部。

**分布状况：**常见，尤其在其分布区的南部。留鸟见于中国华东、华中及华南的多数地区。

**习　　性：**栖于平原、耕地、河滩、城镇及村庄。在中国东部取代小嘴乌鸦。有时与大嘴乌鸦混群。

**保护级别：**VU

## 白领凤鹛（*Yuhina diademata*）

**莺科**（Sylviidae），**凤鹛属**（*Yuhina*）

**主要特征：** 体大（17.5厘米）的烟褐色凤鹛。具蓬松的羽冠，颈后白色大块斑与白色宽眼圈及后眉线相接。颏、鼻孔及眼先黑色。飞羽黑而羽缘近白。下腹部白色。虹膜—偏红；嘴—近黑；脚—粉红。叫声为微弱的唧叫声，似绣眼鸟。

**分布范围：** 中国西部、缅甸东北部及越南北部。

**分布状况：** 甚常见的山区留鸟，见于甘肃南部、陕西南部（秦岭）、四川、湖北西部、贵州及云南。

**习　　性：** 性吵嚷，成对或结小群活动于海拔1100～3600米的灌丛，冬季下迁至海拔800米。

**保护级别：** LC

## 白眉雀鹛（*Alcippe vinipectus*）

**莺科**（Sylviidae），**雀鹛属**（*Alcippe*）

**主要特征：** 中等体型（12厘米）的褐色而具醒目图纹的雀鹛。具特征性的头、胸部图纹——白色的宽眉纹上具黑色纹，头顶及颈背灰褐，头近黑，喉及上胸近白而带黑色或棕色纵纹。下体余部皮黄灰色。初级飞羽羽缘银灰色构成翼上的浅色斑纹。诸亚种在细节上有别：*chumbiensis*眉纹上具褐色而非黑色纹；*perstriata*喉部黑色纵纹较浓密；指名亚种喉无纵纹。虹膜—偏白；嘴—浅角质色；脚—近灰。叫声为轻柔高音及持续不断的chip chip声。告警时发出吱吱声。鸣声为细弱的chit-it-it-或key声，鸣唱时头前伸，尾抽动。

**分布范围：** 喜马拉雅山脉至华南和西南、缅甸北部及越南北部。

**分布状况：** 地方性常见的留鸟。指名亚种于西藏西南部；*chumbiensis*于西藏南部的春丕河谷；*perstriata*于云南西部及西北部；*bieti*于云南北部及东北部，北至四川的汶川（卧龙）。

**习　　性：** 性活泼，结群栖于海拔2000～3700米亚高山森林的多荆棘栎树灌丛及林下植被。

**保护级别：** LC

## 白头鹎（*Pycnonotus sinensis*）

**鹎科**（Pycnonotidae），**鹎属**（*Pycnonotus*）

**主要特征：** 中等体型（19厘米）的橄榄色鹎。眼后一白色宽纹延伸至颈背，黑色的头顶略具羽冠，髭纹黑色，臀白色。幼鸟头橄榄色，胸具灰色横纹。虹膜—褐色；嘴—近黑；脚—黑色。叫声为典型的叽叽喳喳颤鸣及简单而无韵律的叫声。

**分布范围：** 中国南方、越南北部及琉球群岛。

**分布状况：** 常见的群栖型鸟，栖于林缘、灌丛、红树林及林园。为香港最常见的鸟种之一。亚种*hainanus*为留鸟于广西南部、广东西南部及海南岛；*formosae*为留鸟于台湾；指名亚种遍及华中、华东及华南。冬季北方鸟南迁。

**习　　性：** 性活泼，结群于果树上活动。有时从栖处飞行捕食。

**保护级别：** 三有保护鸟类　LC

## 白尾蓝地鸲（*Myiomela leucurum*）

**鹟科**（Muscicapidae），**地鸲属**（*Myiomela*）

主要特征：雄鸟为体大（18厘米）的深蓝色地鸲。全身近黑，仅尾基部具白色闪辉，前额钴蓝，喉及胸深蓝，颈侧及胸部的白色点斑常隐而不露。雌鸟褐色，喉基部具偏白色横带，尾基部具白色闪辉。亚成鸟似雌鸟，但多具棕色纵纹。虹膜—褐色；嘴—黑色；脚—黑色。鸣声为7～8声的细弱甜美哨音。叫声包括细弱哨音及低声tuc。

分布范围：印度、东南亚及中国南方。

分布状况：指名亚种为留鸟于中国中部及西南、广东北部和海南岛，可能于中国东南部也有出现；*montium*为台湾的留鸟，繁殖于海拔1000米以上的山区森林，冬季下迁至低地。香港有一次记录，可能为出逃之笼鸟。

习　　性：性隐蔽，栖于常绿林的隐蔽密丛。

保护级别：LC

## 白腰文鸟（*Lonchura striata*）

**麻雀科**（Passeridae），**文鸟属**（*Lonchura*）

主要特征：中等体型（11厘米）的文鸟。上体深褐，特征为具尖形的黑色尾，腰白，腹部皮黄白。背上有白色纵纹，下体具细小的皮黄色鳞状斑及细纹。亚成鸟色较浅，腰皮黄色。虹膜—褐色；嘴—灰色；脚—灰色。叫声为活泼的颤鸣及颤音prrrit。

分布范围：印度、中国南方及东南亚。

分布状况：地方性常见于低海拔的林缘、次生灌丛、农田及花园，高可至海拔1600米。亚种*swinhoei*于中国南方大部分地区；*subsquamicollis*于云南及台湾的热带地区。

习　　性：性喧闹吵嚷，结小群生活。习性似其他文鸟。

保护级别：LC

## 斑背噪鹛（*Garrulax lunulatus*）

**莺科**（Sylviidae），**噪鹛属**（*Garrulax*）

主要特征：体型略小（23厘米）的暖褐色噪鹛。具明显的白色眼斑，上体（除头顶）及两胁具醒目的黑色及草黄色鳞状斑纹。初级飞羽及外侧尾羽的羽缘灰色。尾端白色，具黑色的次端横斑。与白颊噪鹛的区别在于上体具黑色横斑。虹膜—深灰；嘴—黄绿；脚—肉色。鸣声为wu-chiwi-wuoou，短暂间隔后又重复（据C. Robson）。

分布范围：中国中部的特有种。

分布状况：见于湖北神农架、陕西南部秦岭至甘肃南部白水江地区、四川中部岷山及邛崃山系。偶见于海拔1200～3660米。

习　　性：群栖于阔叶林及针叶林和林下竹丛。

保护级别：三有保护鸟类　LC

## 斑　鸫（*Turdus naumanni*）

鹟科（Muscicapidae），鸫属（*Turdus*）

主要特征：中等体型（25厘米）而具明显黑白色图纹的鸫。具浅棕色的翼线和棕色的宽阔翼斑。雄鸟（亚种*eunomus*）耳羽及胸上横纹黑色而与白色的喉、眉纹及臀形成对比，下腹部黑色而具白色鳞状斑纹。雌鸟褐色及皮黄色较暗淡，斑纹同雄鸟，下胸黑色点斑较小。较罕见的指名亚种尾偏红，下体及眉线橘黄。虹膜—褐色；嘴—上嘴偏黑，下嘴黄色；脚—褐色。叫声为轻柔而甚悦耳的尖细叫声chuck-chuck或kwa-kwa-kwa，也发出似椋鸟的swic声。告警时发出快速的kveveg声。

分布范围：繁殖于东北亚。迁徙至喜马拉雅山脉、中国。

分布状况：迁徙时常见。指名亚种及*eunomus*迁徙至北纬33° 以南地区越冬。

习　　性：栖于开阔的多草地带及田野。冬季结大群。

保护级别：三有保护鸟类　LC

## 斑喉希鹛（*Minla strigula*）

**莺科**（Sylviidae），**希鹛属**（*Minla*）

主要特征：体型略小（17.5厘米）的活泼似山雀的鹛。具耸立的棕褐色羽冠，喉黑白色或为黄色鳞状斑，下体偏黄，上体橄榄色。初级飞羽羽缘橙黄而成亮丽斑纹，尾中央棕色而端黑，但两侧尾羽端黑而羽缘黄色。虹膜—褐色；嘴—灰色；脚—灰色。叫声为含混的哨音chu-u-wee，第二声下降，其他为上扬音，也发出金属般的chew声。

分布范围：喜马拉雅山脉、印度阿萨姆、东南亚及中国南方。

分布状况：常见于海拔2100～3600米。指名亚种于西藏南部；*yunnanensis*（包括*castanicauda*）于西藏东南部、云南及四川西部。

习　　性：常见的有好奇心的鸟。栖于山区阔叶林及针叶林的低矮树木及树丛。结群而栖并加入“鸟潮”。

保护级别：LC

## 斑文鸟（*Lonchura punctulata*）

**麻雀科**（Passeridae），**文鸟属**（*Lonchura*）

主要特征：体型略小（10厘米）的暖褐色文鸟。雄雌同色。上体褐色，羽轴白色而成纵纹，喉红褐，下体白色，胸部及两胁具深褐色鳞状斑。亚成鸟下体深皮黄色而无鳞状斑。亚种*subundulata*色较深，腰橄榄色；*topela*胸部的鳞状斑甚为模糊。虹膜—红褐；嘴—蓝灰；脚—灰黑。叫声为双音节吱叫声ki-dee。告警声为tret-tret。鸣声为轻柔圆润的笛音及较低的模糊音。

分布范围：印度、中国南方及东南亚。引种至澳大利亚及其他地区。

分布状况：地方性常见，高可至海拔2000米。亚种*subundulata*于西藏东南部；*yunnanensis*于云南；*topela*于东南。

习　　性：常光顾耕地、稻田、花园及次生灌丛等环境的开阔多草地块。成对或与其他文鸟混成小群。具典型的文鸟摆尾习性且活泼好飞。

保护级别：LC

## 斑胸钩嘴鹛（*Pomatorhinus erythrocnemis*）

**莺科**（Sylviidae），**钩嘴鹛属**（*Pomatorhinus*）

主要特征：体型略大（24厘米）的钩嘴鹛。无浅色眉纹，脸颊棕色。甚似锈脸钩嘴鹛，但胸部具浓密的黑色点斑或纵纹。诸亚种在细节上有别。虹膜—黄至栗色；嘴—灰至褐色；脚—肉褐色。双重唱，雄鸟发出响亮的queue pee声，雌鸟立即回以quip声。

分布范围：印度东北部，缅甸北部及西部，中南半岛北部，中国华东、华中及华南。

分布状况：甚常见留鸟于灌丛、棘丛及林缘地带。亚种*decarlei*于西藏东南部、云南西北部及四川南部；*dedekeni*于西藏东部至四川西部；*odicus*于云南及贵州；*abbreviatus*于东南；*swinhoei*于华东；*erythrocnemis*于台湾；*cowensae*于华中；*gravivox*于甘肃南部、四川东北部、陕西南部、山西及河南西部。

习　　性：典型的栖于灌丛的钩嘴鹛。

保护级别：LC

## 宝兴歌鸫（*Turdus mupinensis*）

鹟科（Muscicapidae），鸫属（*Turdus*）

主要特征：中等体型（23厘米）的鸫。上体褐色，下体皮黄色而具明显的黑色点斑。与欧歌鸫的区别在于耳羽后侧具黑色块斑，白色的翼斑醒目。虹膜—褐色；嘴—污黄；脚—暗黄。鸣声为一连串有节奏的悦耳之声，通常在3～11秒间发3～5声。多为平声，有时上升，偶尔模糊。

分布范围：中国中部。

分布状况：偶见于湖北至甘肃南部及云南南部至西北部从低地至海拔3200米的混合林及针叶林。迷鸟有时至山东。

习　　性：一般栖于林下灌丛。单独或结小群。甚惧生。

保护级别：三有保护鸟类　LC

## 宝兴鹛雀（*Chrysomma poecilotis*）

**莺科**（Sylviidae），**鹛雀属**（*Chrysomma*）

主要特征：中等体型（15厘米）的棕褐色鹛。栗褐色尾略长而凸。上体棕褐色，眉纹近灰色且后端为深色，髭纹黑白色。喉白，胸中心皮黄。两胁及臀部黄褐色，翼及尾栗色。虹膜—褐色；嘴—褐色；脚—浅褐。叫声尚无记录。

分布范围：四川及云南山地的特有种。

分布状况：有记录于由四川东北部沿四川盆地以西成一弧形向南至云南北部的丽江山脉。常见于海拔1500 ~ 3810米的近山溪草丛及灌丛。

习　　性：似金眼鹛雀。

保护级别：三有保护鸟类　LC

## 北红尾鸲（*Phoenicurus auroreus*）

**鹟科**（Muscicapidae），**红尾鸲属**（*Phoenicurus*）

**主要特征：** 中等体型（15厘米）而色彩艳丽的红尾鸲。具明显而宽大的白色翼斑。雄鸟眼先、头侧、喉、上背及两翼褐黑，仅翼斑白色，头顶及颈背灰色而具银色边缘，体羽余部栗褐，中央尾羽深黑褐。雌鸟褐色，白色翼斑显著，眼圈及尾皮黄色似雄鸟，但色较暗淡。臀部有时为棕色。虹膜—褐色；嘴—黑色；脚—黑色。叫声为一连串轻柔哨音接轻柔的tac-tac声，也发出短而尖的哨音peep或hit wheet。鸣声为一连串欢快的哨音。

**分布范围：** 留鸟，见于东北亚及中国，迁徙至日本、中国南方、喜马拉雅山脉、缅甸及中南半岛北部。

**分布状况：** 一般性常见鸟。指名亚种繁殖于中国东北及河北，在山东及江西山区也有记录，越冬于东南；有争议的亚种*leucopterus*繁殖于青海东部、甘肃、宁夏、陕西秦岭、四川北部及西部、云南北部、西藏东南部，越冬于云南南部。

**习　　性：** 夏季栖于亚高山森林、灌木丛及林间空地，冬季栖于低地落叶矮树丛及耕地。常立于突出的栖处，尾不停颤动。

**保护级别：** 三有保护鸟类　LC

## 北灰鹟（*Muscicapa dauurica*）

**鹟科**（Muscicapidae），**鹟属**（*Muscicapa*）

主要特征：体型略小（13厘米）的灰褐色鹟。上体灰褐，下体偏白，胸侧及两胁灰褐，眼圈白色，冬季眼先偏白。亚种*cinereoalba*多灰色，嘴比乌鹟或棕尾褐鹟长且无半颈环。新羽的鸟具狭窄白色翼斑，翼尖延伸至尾的中部。虹膜—褐色；嘴—黑色，下嘴基部黄色；脚—黑色。叫声为尖而干涩的颤音tit–tit–tit–tit。鸣声为短促的颤音间杂短哨音。

分布范围：繁殖于东北亚及喜马拉雅山脉。冬季南迁至印度及东南亚。

分布状况：繁殖于中国北方。迁徙经华东及华中至南方越冬。亚种*latirostris*常见于各种海拔高度的林地及园林，冬季在低地越冬；*cinereoalba*有可能在中国出现。

习　　性：从栖处捕食昆虫，回到栖处后尾作独特的颤动。

保护级别：三有保护鸟类　LC

## 长尾山椒鸟（*Pericrocotus ethologus*）

**鸦科**（Corvidae），**山椒鸟属**（*Pericrocotus*）

主要特征：体大（20厘米）的黑色山椒鸟。具红色或黄色斑纹，尾形长。红色雄鸟与粉红山椒鸟及灰喉山椒鸟的区别在于喉黑，与短嘴山椒鸟的区别在于翼斑形状不同且色较浅，下体红色。雌鸟与灰喉山椒鸟易混淆，区别仅在于上嘴基部具模糊的暗黄色。虹膜—褐色；嘴—黑色；脚—黑色。叫声为本种特有的甜润双声笛音pi–ru，第二音较低。

分布范围：阿富汗至中国及东南亚。

分布状况：常见于海拔1000 ~ 2000米。指名亚种繁殖于华中及西南，于河北也有记录；*laetus*繁殖于西藏南部及东南部；*yvettae*仅见于云南西部。

习　　性：结大群活动，在开阔的高大树木及常绿林的树冠上空盘旋降落。

保护级别：三有保护鸟类　LC

## 橙斑翅柳莺（*Phylloscopus pulcher*）

**莺科**（Sylviidae），**柳莺属**（*Phylloscopus*）

**主要特征：** 体小（12厘米）的柳莺。背橄榄褐色，顶纹色甚浅。特征为具两道栗褐色翼斑。外侧尾羽的内翈白色。腰浅黄，下体污黄，眉纹不显著。虹膜—褐色；嘴—黑色，下嘴基部黄色；脚—粉红。叫声为细声的zip接一快而高的颤音。

**分布范围：** 喜马拉雅山脉、缅甸、中国中部及西藏南部。越冬迁徙至泰国北部。

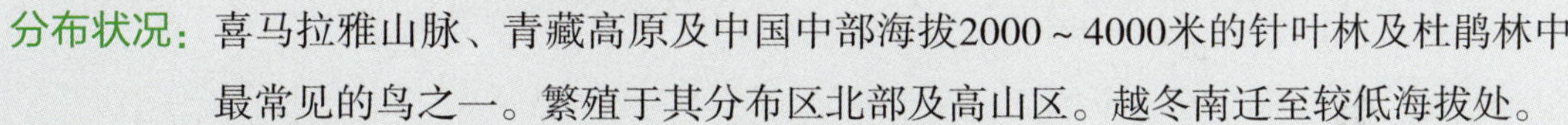

**分布状况：** 喜马拉雅山脉、青藏高原及中国中部海拔2000～4000米的针叶林及杜鹃林中最常见的鸟之一。繁殖于其分布区北部及高山区。越冬南迁至较低海拔处。

**习　　性：** 性活泼的林栖型柳莺，有时加入混合鸟群。

**保护级别：** 三有保护鸟类　LC

## 橙翅噪鹛（*Garrulax elliotii*）

莺科（Sylviidae），噪鹛属（*Garrulax*）

主要特征：中等体型（26厘米）的噪鹛。全身大致灰褐色，上背及胸羽具深色及偏白色羽缘而成鳞状斑纹。脸色较深。臀及下腹部黄褐色。初级飞羽基部的羽缘偏黄、羽端蓝灰而形成拢翼上的斑纹。尾羽灰而端白，羽外侧偏黄。亚种*preswalskii*头顶色较浅，下体褐色较重，翼斑及尾缘略红而非偏黄。虹膜—浅乳白色；嘴—褐色；脚—褐色。叫声为悠远的双音节和三音节叫声及群鸟的吱吱叫声。

分布范围：中国中部至西藏东南部及印度东北部的特有种。

分布状况：常见于海拔1200～4800米所有森林类型的林下植被。指名亚种见于从大巴山、秦岭及岷山往南至四川西部、西藏东南部及云南西北部；*preswalskii*分布于甘肃北部祁连山区南至青海东部。

习　　性：结小群于开阔次生林及灌丛的林下植被及竹丛取食。

保护级别：三有保护鸟类　LC

## 橙胸姬鹟（*Ficedula strophiata*）

鹟科（Muscicapidae），姬鹟属（*Ficedula*）

主要特征：体型略小（14厘米）的林栖型鹟。尾黑而基部白，上体多灰褐色，翼橄榄色，下体灰色。成年雄鸟额上有狭窄白色并具小的深红色项纹（常不明显）。雌鸟似雄鸟，但项纹小而色浅。亚成鸟具褐色纵纹，两肋棕色而具黑色鳞状斑纹。虹膜—褐色；嘴—黑色；脚—褐色。通常叫声为低声的tik–tik或重复高音pink，也发出低颤鸣。鸣声为细薄金属般的 tin–ti–ti声，第一声响亮，后两声轻。

分布范围：繁殖于克什米尔及喜马拉雅山脉至中国南方和越南。越冬于东南亚。

分布状况：常见的垂直性迁移鸟，见于中国中部及西南海拔1000 ~ 3000米。部分鸟冬季迁徙至中国南方。

习　　性：性惧生，栖于密闭森林的地面和较低灌丛。

保护级别：LC

## 赤红山椒鸟（*Pericrocotus flammeus*）

**鸦科**（Corvidae），**山椒鸟属**（*Pericrocotus*）

主要特征：体型略大（19厘米）而色彩浓艳的山椒鸟。雄鸟蓝黑，胸、腹、腰、尾羽羽缘及翼上的两道斑纹红色。雌鸟背部多灰色，黄色替代雄鸟的红色，且黄色延伸至喉、颏、耳羽及额头。比长尾山椒鸟显矮胖而尾短，翼部斑纹复杂。虹膜—褐色；嘴及脚—黑色。叫声为轻柔的kroo-oo-oo-tu-tup, tu-turr或重复的hurr声，也有较高音的sigit sigit sigit。

分布范围：印度、中国南方及东南亚。

分布状况：地方性常见于高可至海拔1500米的低地及丘陵。亚种*fohkiensis*为中国东南的留鸟；*elegans*于云南；*fraterculus*于海南岛。

习　　性：喜原始森林，多成对或结小群活动，在小叶树的树顶上轻松飞掠。

保护级别：三有保护鸟类　LC

## 达乌里寒鸦（*Corvus dauurica*）

鸦科（Corvidae），鸦属（*Corvus*）

**主要特征：** 体型略小（32厘米）的鹊色鸦。白色斑纹延伸至胸下。与白颈鸦的区别在于体型较小且嘴细，胸部白色部分较大。幼鸟色彩反差小。与寒鸦成体的区别在于眼深色。与寒鸦幼体的区别在于耳羽具银色细纹。虹膜—深褐；嘴—黑色；脚—黑色。飞行叫声为chak，同寒鸦。其他叫声也相同。

**分布范围：** 俄罗斯东部及西伯利亚，西藏高原东部边缘，中国华中、东北及华东。

**分布状况：** 常见，尤其在北方，高可至海拔2000米。繁殖于中国北部、中部及西南。越冬南迁至中国东南。迷鸟至台湾。

**习　　性：** 不如寒鸦喜群栖。营巢于开阔地、树洞、岩崖或建筑物上。常在放牧的家养动物间取食。

**保护级别：** 三有保护鸟类　LC

## 大山雀（*Parus major*）

山雀科（Paridae），山雀属（*Parus*）

主要特征：体大（14厘米）而结实的黑、灰及白色山雀。头及喉辉黑，与脸侧白斑及颈背块斑形成强烈对比。翼上具一道醒目的白色条纹，一道黑色带沿胸中央而下。雄鸟胸带较宽，幼鸟胸带减为胸兜。6个亚种略有差别，见于中国极北地区的亚种*kapustini*下体偏黄而背偏绿。此亚种易与绿背山雀混淆，但分布上无重叠且绿背山雀具两道白色翼纹。极喜鸣叫。联络叫声为欢快的pink tche-che-che变奏。鸣声为吵嚷的哨音chee-weet或chee-chee-choo。

分布范围：古北界、印度、中国、日本及东南亚。

分布状况：6个亚种分为3组，常见于开阔林地及林园：*major*组，*kapustini*于中国极东北及西北；*minor*组，*minor*于华中、华东、华北及东北，*tibetanus*于青藏高原，*subtibetanus*于西南，*comixtus*于华南及华东；*cinereus*组，*hainanus*于海南岛。

习　　性：常光顾红树林、林园及开阔林。性活泼，多技能，时而在树顶，时而在地面。成对或结小群。

保护级别：三有保护鸟类　LC

## 大噪鹛（*Garrulax maximus*）

**莺科**（Sylviidae），**噪鹛属**（*Garrulax*）

主要特征：体大（34厘米）而具明显点斑的噪鹛。尾长，顶冠、颈背及髭纹深灰褐色，头侧及颏栗色。背羽次端黑而端白，因而在栗色的背上形成点斑。两翼及尾部的斑纹似眼纹噪鹛。与眼纹噪鹛的区别在于体型甚大而尾长，且喉为棕色。虹膜—黄色；嘴—角质色；脚—粉红。甚高而嘹亮的叫声似鹰鹃，也作拗口的嘟声合唱。

分布范围：中国中部至西藏东南部。

分布状况：地方性常见于海拔2135～4115米的山区，于甘肃极南部、四川西部、云南西北部及西藏东南部。

习　　性：多栖于较眼纹噪鹛为高的地带。

保护级别：三有保护鸟类　LC

## 大嘴乌鸦（*Corvus macrorhynchos*）

鸦科（Corvidae），鸦属（*Corvus*）

主要特征：体大（50厘米）的闪光黑色鸦。嘴甚粗厚。比渡鸦体小而尾较平。与小嘴乌鸦的区别在于嘴粗厚而尾圆，头顶更显拱圆形。虹膜—褐色；嘴—黑色；脚—黑色。叫声为粗哑的喉音kaw及高音的awa awa awa，也发出低沉的咯咯声。

分布范围：伊朗至中国及东南亚。

分布状况：中国除西北外的大部分地区的常见留鸟。亚种*mandschuricus*于中国东北；*colonorum*于华东及华南；*tibetosinensis*于西藏西南部及东部、青藏高原东部、青海东部、四川西部、云南西部；*intermedius*于西藏南部。

习　　性：成对生活，喜栖于村庄周围。

保护级别：LC

## 戴　菊（*Regulus regulus*）

**戴菊科**（Regulidae），**戴菊属**（*Regulus*）

主要特征：体型较小（9厘米）而色彩明快的偏绿色似柳莺的鸟。翼上具黑白色图案，以金黄色或橙红色（雄鸟）的顶冠纹并两侧缘以黑色侧冠纹为本种特征。上体全橄榄绿至黄绿色，下体偏灰或浅黄白色，两胁黄绿。眼周浅色，使其看似眼小且表情茫然。不可能与任何一种中国的柳莺混淆。诸亚种细部有别：亚种*coatsi*较其他亚种色浅；*japonensis*色较深，颈背灰色较重且翼上白色横纹宽；*himalayensis*下体较白；*sikkimensis*较*himalayensis*色深，绿色较重；*yunnanensis*色更深，绿色更重，下体皮黄，两胁灰色；*tristis*几无黑色侧冠纹，下体较暗淡。幼鸟无头顶冠纹，与部分柳莺属柳莺可能混淆，但无过眼纹或眉纹，且头大，眼周灰色，眼小似珠。虹膜—深褐；嘴—黑色；脚—偏褐。叫声为尖细高音sree sree sree。告警时发出重音tseet。鸣声为高调的重复型短句，至华彩乐段收尾。

分布范围：古北界，从欧洲至西伯利亚及日本，包括中亚、喜马拉雅山脉及中国。

分布状况：常见于多数温带及亚高山针叶林。亚种*coatsi*越冬于南山且可能在阿尔泰山；*japonensis*为留鸟或夏季繁殖鸟于中国东北，越冬于华东；*sikkimensis* 为留鸟于喜马拉雅山脉东部至中国西部；*yunnanensis*于甘肃南部及陕西南部经四川至云南；*tristis*于新疆西北部天山。

习　　性：通常独栖于针叶林的林冠下层。加入迁徙“鸟潮”。

保护级别：三有保护鸟类　LC

## 淡黄腰柳莺（*Phylloscopus chloronotus*）

莺科（Sylviidae），柳莺属（*Phylloscopus*）

主要特征：体型略小（10厘米）的偏绿色柳莺。具白色的长眉纹及顶纹、浅色的腰、两道偏黄色的翼斑和白色的三级飞羽羽端。有时耳羽上有浅色点斑。与黄腰柳莺的区别在于上体为多灰绿的橄榄色，头脸部黄色斑纹不明显，眼前少黄色眉纹，下体多灰色而少白色，体型略大且翼上图纹不同。与四川柳莺的区别详见四川柳莺的主要特征。虹膜—褐色；嘴—色深；脚—褐色。鸣声为拖长而尖细的嘟声接一连串快速同音调的敲击声tsirrrrrrrrrrr-tsi-tsi-tsi-tsi-tsi-tsi-tsi，每几秒重复一次。与黄腰柳莺的叫声区别甚大。

分布范围：喜马拉雅山脉至中国中部。越冬于东南亚北部。

分布状况：常见的季节性候鸟。繁殖于青海、甘肃、四川、西藏东部及南部、云南西北部。越冬于云南。

习　　性：繁殖于有云杉及桧树的上层冷杉林。

保护级别：LC

## 点翅朱雀（*Carpodacus rhodopeplus*）

**燕雀科**（Fringillidae），**朱雀属**（*Carpodacus*）

主要特征：中等体型（15厘米）的深色朱雀。繁殖期雄鸟具浅粉色的长眉纹，腰及下体暗粉色。特征为三级飞羽及覆羽具浅粉色点斑。雌鸟无粉色且纵纹密布，下体浅皮黄色，眉纹长而色浅。三级飞羽浅色羽端有别于玫红眉朱雀及红眉朱雀的雌鸟。亚种*vinaceus*雌鸟的三级飞羽具浅色羽端但无浅色眉纹；*verreauxii*较指名亚种体小而粉色较淡。虹膜—深褐；嘴—近灰；脚—粉褐。通常无声。鸣声不详。偶尔发出似金丝雀的响亮啾啾声。

分布范围：喜马拉雅山脉至中国西部。

分布状况：罕见。指名亚种为留鸟于西藏聂拉木县；*verreauxii*为留鸟，夏季见于四川南部及西部、云南东北部海拔3000～4600米。

习　　性：性惧生。夏季栖居于林线灌丛及高山草甸，冬季下迁至竹林密丛。

保护级别：三有保护鸟类　LC

## 点胸鸦雀（*Paradoxornis guttaticollis*）

**莺科**（Sylviidae），**鸦雀属**（*Paradoxornis*）

主要特征：体大（18厘米）而有特色的鸦雀。特征为胸上具深色的倒“V”字形细纹。头顶及颈背赤褐，耳羽后端有显眼的黑色块斑。上体余部暗红褐色，下体皮黄色。虹膜—褐色；嘴—橘黄；脚—蓝灰。叫声为8～10声快而响的圆润哨音whit，音调不变，也有群鸟唧啾声及嘶嘶叫声chut-chut-chut。

分布范围：印度阿萨姆、缅甸、中国南方及中南半岛北部。

分布状况：指名亚种为常见的留鸟，见于中国华中、西南、华东及华南的中高海拔地区；有争议的亚种*gonshanensis*见于云南西部。

习　　性：栖于灌丛、次生植被及高草丛。

保护级别：三有保护鸟类　LC

## 发冠卷尾（*Dicrurus hottentottus*）

**鸦科**（Corvidae），**卷尾属**（*Dicrurus*）

主要特征：体型略大（32厘米）的黑天鹅绒色卷尾。头具细长羽冠，体羽斑点闪烁。尾长而分叉，外侧羽端钝而上翘，形似竖琴。指名亚种嘴较厚重。虹膜—红或白色；嘴及脚—黑色。鸣声悦耳嘹亮。偶尔发出粗哑刺耳的叫声。

分布范围：印度、中国及东南亚。

分布状况：亚种*brevirostris*繁殖于华中及华东，北方鸟南迁越冬；指名亚种繁殖于西藏东南部及云南西部，常见于低地及山麓林，尤其在较干燥的地区。

习　　性：喜森林开阔处，有时（尤其晨昏）聚集在一起鸣唱并在空中捕捉昆虫，甚吵嚷。从低栖处捕食昆虫，常与其他种类混群并跟随猴子，捕食被它们惊起的昆虫。

保护级别：三有保护鸟类　LC

## 方尾鹟（*Culicicapa ceylonensis*）

**鹟科**（Muscicapidae），**方尾鹟属**（*Culicicapa*）

主要特征：体小（13厘米）而独具特色的鹟。头偏灰，略具羽冠，上体橄榄色，下体黄色。虹膜—褐色；嘴—上嘴黑色，下嘴角质色；脚—黄褐。鸣声为清晰甜美的哨音chic...chiree-chilee，重音在两音节的第一音，最后音上升。也发出churrru的嘟叫声及轻柔的pit pit声。

分布范围：印度至中国南方及东南亚。

分布状况：亚种*calochrysea*繁殖于中国中南及西南。一般常见于森林，最常见于海拔1000～1600米的山麓林，但在喜马拉雅山脉从低地至海拔2000米均有记录。迷鸟见于河北的北戴河。

习　　性：性活泼而喧闹，在树枝间跳跃，不停捕食及追逐过往昆虫。多栖于森林的底层或中层。常与其他鸟混群。

保护级别：LC

## 粉红山椒鸟（*Pericrocotus roseus*）

**鸦科**（Corvidae），**山椒鸟属**（*Pericrocotus*）

主要特征：体型略小（20厘米）而具红或黄色斑纹的山椒鸟。特征为颏及喉白色，头顶及上背灰色。雄鸟头灰、胸玫红而有别于其他山椒鸟。雌鸟与其他山椒鸟的区别在于腰部及尾上覆羽的羽色仅比背部略浅，并淡染黄色，下体为甚浅的黄色。虹膜—褐色；嘴—黑色；脚—黑色。尖厉的颤音似灰山椒鸟。

分布范围：喜马拉雅山脉至中国南方。冬季迁徙至印度及东南亚的部分地区。

分布状况：甚常见于云南、四川西南部（西昌）、广西及广东西南部高可至海拔1500米的森林。海南岛可能也有分布。

习　　性：冬季结大群。

保护级别：三有保护鸟类　LC

## 凤头雀嘴鹎（*Spizixos canifrons*）

**鹎科**（Pycnonotidae），**雀嘴鹎属**（*Spizixos*）

主要特征：体大（22厘米）而独具一格的橄榄绿色鹎。象牙色的嘴形厚而似雀，羽冠凸显，下体黄绿色。与领雀嘴鹎的区别在于额及脸颊灰色，无白色的前颈环，羽冠较长。尾具宽阔的黑色端带。虹膜—褐色；嘴—象牙色；脚—粉红。告警时发出断续但悦耳的purr-purr-prruit-prruit-prruit声。也发出叽叽喳喳的叫声及干涩的长唪颤音。

分布范围：印度东北部、中国西南、缅甸及中南半岛北部。

分布状况：亚种*ingrami*甚常见于四川西南部及云南的开阔原野、次生林及农田；指名亚种见于西藏东南部。

习　　性：单独或结小群栖于开阔林地、林间空地、灌丛及林园，高可至海拔3000米。有时停栖于电线上。

保护级别：三有保护鸟类　LC

## 凤头鹀（*Melophus lathami*）

**燕雀科**（Fringillidae），**凤头鹀属**（*Melophus*）

主要特征：体大（17厘米）的深色鹀。具特征性的细长羽冠。雄鸟辉黑，两翼及尾栗色，尾端黑。雌鸟深橄榄褐色，上背及胸满布纵纹，较雄鸟的羽冠为短，翼羽色深且羽缘栗色。虹膜—深褐；嘴—灰褐，下嘴基部粉红；脚—紫褐。叫声为甚响而尖的pit-pit声。于突出的栖处发出甜美鸣声，为单调重复的小节而声调下降。开始音节似喘息且犹豫，后接较清晰的结尾。

分布范围：印度、喜马拉雅山脉至中国东南及中南半岛北部。

分布状况：常见于中国华中、华东、华南及西南的多草山坡。迷鸟至台湾。

习　　性：栖于中国南方大部分丘陵开阔地面及矮草地。活动、取食多在地面，活泼易见。冬季于稻田取食。

保护级别：三有保护鸟类　LC

## 高山旋木雀（*Certhia himalayana*）

**旋木雀科**（Certhiidae），**旋木雀属**（*Certhia*）

**主要特征：**中等体型（14厘米）而深灰色斑驳的旋木雀。以其腰或下体无棕色、尾多灰色、尾上具明显横斑而易与其他旋木雀相区别。喉白色，胸、腹部烟黄色，嘴较其他旋木雀显长而下弯。虹膜—褐色；嘴—褐色，下颚色浅；脚—近褐。叫声为尖细的下降音tsiu，有时为一连串下降音，细薄的tsee或上扬的tseet。鸣声为轻快而有节奏的颤音。

**分布范围：**中亚至阿富汗北部、喜马拉雅山脉、缅甸及中国西南。

**分布状况：**亚种*yunnanensis*为甘肃南部、陕西南部、四川北部及西部、贵州西南部、云南北部及西部、西藏东南部的不常见鸟，栖于海拔2000～3700米的落叶混交林及针叶林。

**习　　性：**有时加入混合鸟群。

**保护级别：**LC

## 戈氏岩鹀（*Emberiza godlewskii*）

**燕雀科**（Fringillidae），**鹀属**（*Emberiza*）

**主要特征：** 体大（17厘米）的鹀。似灰眉岩鹀，但头部灰色较重，侧冠纹栗色而非黑色。与三道眉草鹀的区别在于顶冠纹灰色。雌鸟似雄鸟，但色浅。各亚种有别。南方的亚种*yunnanensis*较指名亚种色深且多棕色；最靠西的亚种*decolorata*色最浅。幼鸟头、上背及胸部具黑色纵纹，野外与三道眉草鹀幼鸟几乎无区别。虹膜—深褐；嘴—蓝灰；脚—粉褐。鸣声多变且似灰眉岩鹀，但由更高音的tsitt音节导出。叫声为细而拖长的tzii及生硬的pett pett声。

**分布范围：** 具独特扩散方式的种类，分布于阿尔泰山，俄罗斯的外贝加尔，蒙古，中国北部、中部及西南，印度东北部。越冬于缅甸东北部。

**分布状况：** 常见于新疆极西部天山山麓地带及塔里木盆地的西缘（*decolorata*），西藏东南部、青海南部及四川西部（*khamensis*），青海西部、甘肃、宁夏及内蒙古西部（*godlewskii*），云南北部、西藏极东南部至四川中部（*yunnanensis*），四川北部及东部至黑龙江南部（*omissa*，包括*styani*）。亚种*godlewskii*及*yunanensis*冬季部分地南迁。

**习　　性：** 喜干燥而多岩石的丘陵山坡及近森林而多灌丛的沟壑深谷，也见于农耕地。

**保护级别：** LC

## 光背地鸫（*Zoothera mollissima*）

**鹟科**（Muscicapidae），**地鸫属**（*Zoothera*）

主要特征：体型略大（26厘米）的地鸫。上体全红褐色，外侧尾羽端白，浅色眼圈明显，翼部白色块斑在飞行时明显，但停歇时不显露。与长尾地鸫的区别在于尾较短，胸具鳞状斑纹而非黑色横纹，翼上横纹较窄而色暗。虹膜—褐色；嘴—黑褐，下颚基部色较浅；脚—肉色。告警时发出的串音叫声似乌鸫。另有单音节叫声。

分布范围：巴基斯坦至中国西南、缅甸北部及越南北部。

分布状况：不常见。指名亚种为留鸟于四川西南部、云南西北部及西藏南部；*griseiceps* 为留鸟于四川中部至云南西北部。

习　　性：繁殖于近林线处有稀疏矮灌丛的多岩地区。

保护级别：LC

## 褐冠山雀（*Parus dichrous*）

**山雀科**（Paridae），**山雀属**（*Parus*）

**主要特征：** 体小（12厘米）而色浅的山雀。羽冠显著，体羽无黑色或黄色但具皮黄色与白色的半颈环。上体暗灰，下体随亚种不同从皮黄色至黄褐色。亚种*dichrous* 具偏白的下髭纹，灰褐色的喉与黄褐色的胸及深灰色的上体形成对比；*wellsi*的下体皮黄色较浅，喉及胸部形成对比；*dichroides*似*wellsi*，头顶及羽冠的灰色比上体其余部位浅。虹膜—红褐；嘴—近黑；脚—蓝灰。多种叫声，包括快速的ti–ti–ti–ti，尖细的sip–pi–pi，哀怨的pee–di及告警叫声cheea cheea。鸣声包括颤音及其他叫声的音符。

**分布范围：** 喜马拉雅山脉及中国中西部。

**分布状况：** 地方性常见于海拔2480～4000米的针叶林，于西藏东南部喜马拉雅山脉东段（*dichrous*），四川北部及西部和云南北部及西部（*wellsi*），陕西南部的秦岭、甘肃南部、青海南部及东部和四川极北部（*dichroides*）。

**习　　性：** 性惧生而安静，成对或结小群活动。

**保护级别：** 三有保护鸟类　LC

## 褐河乌（*Cinclus pallasii*）

**河乌科（Cinclidae），河乌属（*Cinclus*）**

**主要特征：** 体型略大（21厘米）的深褐色河乌。体无白色或浅色胸围。有时眼上的白色小块斑明显。亚种*tenuirostris*的褐色较其他亚种为浅。虹膜—褐色；嘴—深褐；脚—深褐。叫声为尖厉的dzchit dzchit声，但不如河乌的叫声尖厉。圆润而有韵味的短促鸣声比河乌的鸣声悦耳。

**分布范围：** 南亚及东亚、喜马拉雅山脉、中南半岛北部。

**分布状况：** 常见于海拔300～3500米的湍急溪流。亚种*tenuirostris*为留鸟于天山西部、喜马拉雅山脉及西藏极南部；指名亚种为留鸟于华中、西南、华南、华东以及东北。

**习　　性：** 成对活动于高海拔的繁殖地，略有季节性垂直迁移。常栖于巨大砾石，头常点动，翘尾并偶尔抽动。在水面游泳，然后潜入水中，似小鸊鷉。炫耀时两翼上举并振动。

**保护级别：** LC

## 褐柳莺（*Phylloscopus fuscatus*）

**莺科**（Sylviidae），**柳莺属**（*Phylloscopus*）

主要特征：中等体型（11厘米）的单一褐色柳莺。外形甚显紧凑而墩圆，两翼短圆，尾圆而略凹。下体乳白，胸及两胁沾黄褐。上体灰褐，飞羽有橄榄绿色的翼缘。嘴细小，腿细长。指名亚种眉纹沾栗褐，脸颊无皮黄色，上体褐色较重。与巨嘴柳莺易混淆，不同之处在于嘴纤细且色深，腿较细，眉纹较窄而短（指名亚种眉纹后端棕色），眼先上部的眉纹有深褐色边且眉纹将眼和嘴隔开，腰部无橄榄绿色渲染。虹膜—褐色；嘴—上嘴色深，下嘴偏黄；脚—偏褐。鸣声为一连串响亮而单调的清晰哨音，以一颤音结尾。似巨嘴柳莺，但鸣声节奏较慢。叫声为尖厉的chett...chett，似击石头之声。

分布范围：繁殖于亚洲北部、蒙古北部、中国北部及东部。冬季迁徙至中国南方、东南亚及喜马拉雅山麓。

分布状况：指名亚种繁殖于中国东北及中北部，越冬于中国南方；*weigoldi*繁殖于青海南部、西藏东部及四川西北部，越冬于云南及西藏东南部。两亚种在迁徙时均为常见。

习　　性：隐匿于沿溪流、沼泽周围及森林中潮湿灌丛的浓密低植被下，高可至海拔4000米。翘尾并轻弹尾及两翼。

保护级别：三有保护鸟类　LC

## 褐头鹪莺（*Prinia inornata*）

**扇尾莺科**（Cisticolidae），**鹪莺属**（*Prinia*）

主要特征：体型略大（15厘米）而尾长的偏棕色鹪莺。眉纹色浅，上体暗灰褐，下体浅皮黄至偏红色，背色较浅且较褐山鹪莺色单纯。台湾的亚种*flavirostris*色较浅，嘴黄色。虹膜—浅褐；嘴—近黑；脚—粉红。鸣声为单调而连续似昆虫的吟叫声，持续时间长达1分钟，每秒3～4声。叫声为快速重复的chip或chi-up声。

分布范围：印度、中国及东南亚。

分布状况：常见的留鸟，高可至海拔1500米。亚种*extensicauda*于华中、西南、华南及华东；*flavirostris*于台湾。

习　　性：栖于高草丛、芦苇地、沼泽、玉米地及稻田。有几分傲气而活泼的鸟，结小群活动，常于树上、草茎间或在飞行时鸣叫。在香港不如黄腹鹪莺普遍。

保护级别：LC

## 褐头雀鹛（*Alcippe cinereiceps*）

**莺科**（Sylviidae），**雀鹛属**（*Alcippe*）

**主要特征：** 中等体型（12厘米）的褐色雀鹛。喉粉灰而具暗黑色纵纹。胸中央白色，两侧粉褐色至栗色。初级飞羽羽缘白、黑而后棕色形成多彩翼纹。与棕头雀鹛的区别在于头侧近灰，无眉纹及眼圈，喉及胸沾灰色，具黑白色翼纹。亚种顶冠的色彩不一——*guttaticollis*顶冠酒褐色，侧冠纹灰褐色；*fucata*及*berliozi*无褐色侧冠纹；*manipurensis*顶冠巧克力棕色而无侧冠纹；*tonkinensis*顶冠烟褐色，侧冠纹黑色；*formosana*顶冠褐色，侧冠纹灰色；*fessa*及指名亚种顶冠烟褐色而无侧冠纹。虹膜—黄至粉红；嘴—雄鸟黑色，雌鸟褐色；脚—灰褐。3～4音节的嘟声鸣唱。叫声为似山雀的cheep声。

**分布范围：** 印度东北部、中国南方、缅甸西部及北部、越南北部。

**分布状况：** 常见且分布广泛的留鸟。指名亚种见于四川、贵州西部及云南东北部；*manipurensis*于云南西部；*fessa*于甘肃、陕西南部（秦岭）及宁夏（六盘山）；*fucata*于贵州东北部及湖北西部；*berliozi*于湖南南部；*guttaticollis*于广东北部及福建西北部（武夷山）；*formosana*于台湾。

**习　　性：** 栖于海拔1500～3400米的常绿林林下植被及混交林和针叶林的棘丛及竹林，在南方地区可下迁至海拔1100米。

**保护级别：** LC

## 褐胁雀鹛（*Alcippe dubia*）

莺科（Sylviidae），雀鹛属（*Alcippe*）

**主要特征：** 体大（14.5厘米）的褐色雀鹛。顶冠棕色，上体橄榄褐色。显眼的白色眉纹上有黑色侧冠纹，下体皮黄色而无纵纹。与褐顶雀鹛的区别在于脸颊及耳羽有黑白色细纹，体型较大。虹膜—褐色；嘴—深褐；脚—粉色。叫声为叽喳声。鸣声为chee-chee-chee-chee-chee-hpwit声。

**分布范围：** 喜马拉雅山脉东段至缅甸、中南半岛北部及中国西南。

**分布状况：** 不常见的留鸟。亚种*intermedia*于云南怒江以西；*genestieri*于云南其余地区、四川南部、贵州、湖南西部及广西西南部。

**习　　性：** 栖于森林的林下植被。

**保护级别：** LC

## 黑顶噪鹛（*Garrulax affinis*）

**莺科**（Sylviidae），**噪鹛属**（*Garrulax*）

**主要特征：** 中等体型（26厘米）的深色噪鹛。具白色宽髭纹，颈部白色块斑与偏黑色的头形成对比。诸亚种体羽略有差异，但一般为暗橄榄褐色，翼羽及尾羽羽缘带黄色。虹膜—褐色；嘴—黑色；脚—褐色。叫声为重复的3～4声单调哀伤的to-wee-you声。告警时发出长而洪亮的卷舌音whirr whirrer。叫声沙哑似责骂声。

**分布范围：** 喜马拉雅山脉东部、印度阿萨姆至中国中部、缅甸北部及越南北部。

**分布状况：** 亚种众多。留鸟分布于西藏西南部（*affinis*）、西藏南部（*bethelae*）、西藏东南部及云南西部（*oustaleti*）、云南南部（*saturatus*）、云南东北部及四川西南部（*muliensis*）、甘肃南部至四川中部（*blythii*）。一般不常见于海拔1500～4500米。噪鹛中栖于最低海拔者，冬季下迁至海拔550米。

**习　　性：** 栖于混合林、杜鹃林及桧树丛，藏隐于林下植被。

**保护级别：** 三有保护鸟类　LC

雀形目 PASSERIFORMES

## 黑短脚鹎（*Hypsipetes leucocephalus*）

鹎科（Pycnonotidae），短脚鹎属（*Hypsipetes*）

**主要特征：** 中等体型（20厘米）的黑色鹎。尾略分叉，嘴、脚及眼亮红色。部分亚种头部白色，西部亚种的前半部分偏灰。与红嘴椋鸟的区别在于胸及背部色深。亚成鸟偏灰，略具平羽冠。虹膜—褐色；嘴—红色；脚—红色。叫声甚多变，包括响亮的尖叫声、吱吱声及刺耳的哨音。常发出带鼻音的咪叫声。

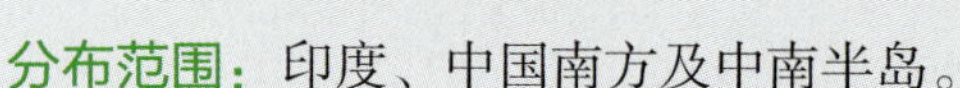

**分布范围：** 印度、中国南方及中南半岛。

**分布状况：** 山地常绿林中的常见鸟。亚种*psaroides*为留鸟于西藏东南部；*ambiens*于云南西北部；*sinensis*于云南西北部，*ambiens*的分布区以南；*stresemanni*于云南北部；*concolor*于云南西部及南部；*leucothorax*于华中；*perniger*于广西南部及海南岛；*nigerrimus*于海南岛；指名亚种于华东及东南的其余地区。

**习　　性：** 食果实及昆虫，有季节性迁移。冬季于中国南方可见到数百只的大群。

**保护级别：** LC

## 黑额凤鹛（*Yuhina nigrimenta*）

**莺科（Sylviidae），凤鹛属（*Yuhina*）**

**主要特征：** 体小（11厘米）的偏灰色凤鹛。羽冠形短，头灰，上体橄榄灰，下体偏白。特征为额、眼先及颏上部黑色。虹膜—褐色；嘴—上嘴黑色，下嘴红色；脚—橘黄。不停地发出尖声的嘁喳叫声和啾啾叫声。叫声为高音的de-de-de-de声。鸣声为轻柔的whee-to-whee-de-der-n-whee-yer声。

**分布范围：** 喜马拉雅山脉、印度阿萨姆、中国南方及中南半岛。

**分布状况：** 常见的山区留鸟。亚种*intermedia*于湖北及西南；*pallida*于东南。

**习　　性：** 性活泼而喜结群，夏季常见于海拔 530～2300米的山区森林、过伐林及次生灌丛的树冠层中，冬季下迁至海拔300米。有时与其他种类结成大群。

**保护级别：** LC

## 黑冠山雀（*Parus rubidiventris*）

山雀科（Paridae），山雀属（*Parus*）

主要特征：体小（12厘米）而具羽冠的山雀。特征为羽冠及胸兜黑色，脸颊白色，上体灰色，无翼斑，下体灰色，臀棕色。与棕枕山雀的区别在于黑色的胸兜较小，飞羽灰色。幼鸟色暗而羽冠较短。虹膜—褐色；嘴—黑色；脚—蓝灰。叫声为细而高的seet声，尖的chit声，似抱怨的责骂声chit'it'it'it及较复杂的短句声，也发出磬音嘟声chip, chip, chip, chip...及含糊的哨音及颤音。

分布范围：喜马拉雅山脉及中国中西部。

分布状况：亚种*beavani*罕见于海拔2500米至针叶林上线，于喜马拉雅山脉东部及青藏高原东部相接的西藏南部、云南西北部、四川西部及北部、甘肃南部、陕西南部（秦岭）、青海。

习　　性：成对或结小群，常加入混合鸟群。

保护级别：三有保护鸟类　LC

## 黑喉红臀鹎（*Pycnonotus cafer*）

**鹎科**（Pycnonotidae）**，鹎属**（*Pycnonotus*）

主要特征：中等体型（20厘米）的偏褐色鹎。头黑，具羽冠，尾下覆羽绯红，尾上覆羽近白，耳羽褐色，喉黑色，胸部色暗。虹膜—深褐；嘴—黑色；脚—暗角质色至黑色。欢快的叫声有时似be-careful，重音在尾音上。告警时发出响而尖的peep声。叫声为苦楚的叽喳叫声peep-a-peep-a-lo，也发出甜美的低音小调。

分布范围：印度、缅甸至中国西南。引种至斐济。

分布状况：亚种*stanfordi*为地方性常见鸟，见于云南极西部怒江以西。

习　　性：性吵嚷，典型的群栖型鹎类。

保护级别：LC

## 黑喉红尾鸲（*Phoenicurus hodgsoni*）

鹟科（Muscicapidae），红尾鸲属（*Phoenicurus*）

**主要特征：** 中等体型（15厘米）而色彩浓艳的红尾鸲。雄鸟似雄北红尾鸲，但眉白；颈背灰色延伸至上背，白色的翼斑较窄。与北红尾鸲的亚种*phoenicuroides*的区别在于头顶前部及翼斑白色。雌鸟似雌北红尾鸲，但眼圈偏白而非皮黄，胸部灰色较重且无白色翼斑。较雌赭红尾鸲的上体色深。虹膜—褐色；嘴—黑色；脚—近黑。叫声为清脆的prit声。告警时发出不停歇的trrr, tschrrr声。鸣声短促、细弱而无起伏。

**分布范围：** 喜马拉雅山脉、西藏高原至中国中部。越冬于印度东北部及缅甸北部。

**分布状况：** 甚常见，分布于海拔2700 ~ 4300米。繁殖于西藏南部及东南部、青海东部、甘肃、陕西南部、四川西部、云南西北部。越冬于湖北、湖南、四川东部及云南东部。

**习　　性：** 喜开阔的林间草地及灌丛，常近溪流，习性似红尾水鸲。取食于树间，如鹟类般捕猎食物。

**保护级别：** LC

## 黑喉山鹪莺（*Prinia atrogularis*）

**扇尾莺科（Cisticolidae），鹪莺属（*Prinia*）**

**主要特征：** 体型略大（16厘米）而尾长的褐色鹪莺。特征为胸具黑色纵纹。上体褐色，两胁黄褐，腹部皮黄。脸颊灰色，具明显的白色眉纹及形长的尾。亚种*superciliaris*上体橄榄绿色，无下髭纹，下体少黑色。虹膜—浅褐；嘴—上嘴色暗，下嘴色浅；脚—偏粉。叫声为响亮而刺耳的cho-ee, cho-ee, cho-ee声，似长尾缝叶莺，但节奏较慢。

**分布范围：** 喜马拉雅山脉、中国南方及东南亚。

**分布状况：** 常见于海拔600～2500米的丘陵山地。指名亚种为留鸟于西藏南部及东南部；*superciliaris*于云南西部、广西、广东及福建。

**习　　性：** 结活跃喧闹的家族群生活于低山及山区森林的草丛和低矮植被下。

**保护级别：** LC

## 黑喉石䳭（*Saxicola torquata*）

鹟科（Muscicapidae），石䳭属（*Saxicola*）

主要特征：中等体型（14厘米）的黑、白及赤褐色䳭。雄鸟头部及飞羽黑色，背深褐，颈及翼上具粗大的白斑，腰白色，胸棕色。雌鸟色较暗而无黑色，下体皮黄，仅翼上具白斑。亚种*presvalskii*喉皮黄，下体黄褐。与雌白斑黑石䳭的区别在于色较浅，且翼上具白斑。虹膜—深褐；嘴—黑色；脚—近黑。责骂声tsack-tsack似两块石头的敲击声。

分布范围：繁殖于古北界、日本、喜马拉雅山脉及东南亚的北部。冬季迁徙至非洲、中国南方、印度及东南亚。

分布状况：亚种*stejnegeri*繁殖于中国东北，越冬于长江以南地区；*presvalskii*繁殖于新疆南部经青海、甘肃、陕西、四川至西藏南部，冬季北方鸟南迁；*maura*繁殖于新疆北部及西部。

习　　性：喜开阔的栖息生境，如农田、花园及次生灌丛。栖于突出的低树枝以跃下地面捕食猎物。

保护级别：三有保护鸟类　LC

## 黑卷尾（*Dicrurus macrocercus*）

**鸦科**（Corvidae），**卷尾属**（*Dicrurus*）

主要特征：中等体型（30厘米）的蓝黑色而具辉光的卷尾。嘴小，尾长而叉深，在风中常上举成一奇特角度。亚成鸟下体下部具近白色横纹。台湾的亚种*harterti*尾较短。虹膜—红色；嘴及脚—黑色。叫声多变，为hee-luu-luu，eluu-wee-weet或hoke-chok-wak-we-wak声。

分布范围：伊朗至印度、中国、东南亚。

分布状况：常见的繁殖候鸟及留鸟，见于开阔原野低处，偶尔上至海拔1600米。亚种*albirictus*于西藏东南部；*harterti*为台湾的留鸟。迁徙鸟中亚种*cathoecus*繁殖于吉林南部及黑龙江南部至华东、华中以及青海、西南及华南，迁徙经过中国东南地区。

习　　性：栖于开阔地区，常立于小树或电线上。

保护级别：三有保护鸟类　LC

## 黑眉长尾山雀（*Aegithalos bonvalotis*）

**山雀科（Paridae），长尾山雀属（*Aegithalos*）**

**主要特征：** 体型纤小（11厘米）的山雀。似黑头长尾山雀，但色浅，额及胸兜边缘白色，下胸及腹部白色。亚种*obscuratus*似指名亚种，但色暗而深且褐色较重。虹膜—黄色；嘴—黑色；脚—褐色。叫声似银喉长尾山雀。

**分布范围：** 缅甸西部及北部、中国华中及西南。

**分布状况：** 常见留鸟于西藏东南部、西南部（*bonvaloti*）及四川中北部（*obscuratus*）。

**习　　性：** 似黑头长尾山雀。

**保护级别：** 三有保护鸟类　LC

## 黑头金翅雀（*Carduelis ambigua*）

**燕雀科**（Fringillidae），**金翅属**（*Carduelis*）

主要特征：体小（13厘米）的偏黄色雀鸟。头黑绿色，似高山金翅雀，但头无条纹，腰及胸橄榄色而非黄色。似金翅雀，但绿色甚浓重而无暖褐色调。幼鸟较成鸟色浅且多纵纹，似高山金翅雀及金翅雀的幼鸟，但色深且绿色重。虹膜—深褐；嘴—粉红；脚—粉红。鸣声似金翅雀，但尖且干涩。叫声为音薄而高的啾叫声tit-it-it-it-it，通常于飞行时发出。

分布范围：中国西南、中南半岛北部。

分布状况：地方性常见留鸟于海拔1200～3100米（冬季较低）。亚种*taylori*于西藏东南部；指名亚种于四川南部及西部、贵州西部、云南西部及东南部、西藏西南部。迷鸟至香港。

习　　性：垂直性迁移的候鸟。成对或结小群活动于开阔针叶林或落叶林及有稀疏林木的开阔地。有时在田野取食。

保护级别：LC

## 黑头奇鹛（*Heterophasia melanoleuca*）

**莺科**（Sylviidae），**奇鹛属**（*Heterophasia*）

主要特征：具长尾（24厘米）的灰色奇鹛。头、尾及两翼黑色，上背沾褐色，顶冠有光泽。中央尾羽端灰而外侧尾羽端白。喉及下体中央部位白，两胁烟灰。虹膜—褐色；嘴—黑色；脚—灰色。五音节的鸣声，前三音节音调相同，后两音节音调低。

分布范围：中国西部及中部、中南半岛。

分布状况：亚种*desgodinsi*常见于中国中南部及南部海拔1200米以上的山区森林。

习　　性：似松鼠，在苔藓和真菌覆盖的树枝上悄然移动，性甚隐秘且动作笨拙。

保护级别：LC

## 黑尾蜡嘴雀（*Eophona migratoria*）

**燕雀科（Fringillidae），蜡嘴雀属（*Eophona*）**

主要特征：体型略大（17厘米）而敦实的雀鸟。黄色的嘴硕大而端黑。繁殖期雄鸟外形极似有黑色头罩的大型灰雀，体灰，两翼近黑。与黑头蜡嘴雀的区别在于嘴端黑色，初级飞羽、三级飞羽及初级覆羽羽端白色，臀部黄褐色。雌鸟似雄鸟，但头部黑色少。幼鸟似雌鸟，但褐色较重。虹膜—褐色；嘴—深黄，端黑；脚—粉褐。鸣声为一连串的哨音和颤音，似赤胸朱顶雀。叫声为响亮而沙哑的tek-tek声。

分布范围：西伯利亚东部、朝鲜、日本南部及中国东部。越冬于中国南方。

分布状况：地方性常见。指名亚种繁殖于中国东北的落叶林及混交林，越冬于中国南方；*sowerbyi*繁殖于华中及华东尤其是长江下游的集水处，向西可抵四川，越冬于西南。

习　　性：见于林地及果园，从不见于密林。

保护级别：三有保护鸟类　LC

## 黑胸鸫（*Turdus dissimilis*）

鹟科（Muscicapidae），鸫属（*Turdus*）

主要特征：体型略小（23厘米）而结实的深色鸫。雄鸟整个头、上背及胸黑色，背深灰，翼及尾黑色，下胸及两胁为特征性鲜亮栗色，腹中央及臀白色。雌鸟上体深橄榄色，颏白，喉具黑及白色细纹，胸橄榄灰色并具黑色点斑，臀白，翼近黑，尾深橄榄色。与雌灰背鸫的区别在于胸部灰色。虹膜—褐色；嘴—黄至橘黄；脚—黄至橘黄。鸣声甜美圆润。叫声包括单薄的seee声及一连串洪亮的tup tup...tup声。

分布范围：印度东北部至中国西南及中南半岛北部。

分布状况：甚常见于云南、广西及贵州的高山和丘陵灌丛、森林及林地。

习　　性：性孤僻羞怯。多在地面取食。

保护级别：三有保护鸟类　LC

## 黑枕黄鹂（*Oriolus chinensis*）

**鸦科**（Corvidae），**黄鹂属**（*Oriolus*）

主要特征：中等体型（26厘米）的黄色及黑色鹂。过眼纹及颈背黑色，飞羽多为黑色。雄鸟体羽余部艳黄色。与细嘴黄鹂的区别在于嘴较粗，颈背的黑带较宽。雌鸟色较暗淡，背橄榄黄色。亚成鸟背部橄榄色，下体近白色而具黑色纵纹。虹膜—红色；嘴—粉红；脚—近黑。叫声为清澈如流水般的笛音lwee, wee, wee-leeow，有多种变化。也发出甚粗哑的似责骂叫声及平稳哀婉的轻哨音。

分布范围：印度、中国及东南亚。北方鸟南迁越冬。

分布状况：地方性常见，高可至海拔1600米。亚种*diffusus*分布于中国东半部。

习　　性：栖于开阔林、人工林、园林、村庄及红树林。成对或以家族为群活动。常停留在树上，有时下迁至低处捕食昆虫。飞行呈波状起伏，振翼幅度大，缓慢而有力。

保护级别：三有保护鸟类　LC

## 红背伯劳（*Lanius collurio*）

伯劳科（Laniidae），伯劳属（*Lanius*）

主要特征：体型较小（19厘米）的褐色伯劳。整个上体红褐色，尾上覆羽及尾羽棕色。过眼纹及头侧黑色。眉纹白。下体近白，雄鸟两胁沾粉色，雌鸟具黑色细小鳞状纹。虹膜—褐色；嘴—灰色；脚—黑色。叫声为粗哑的喘息声。

分布范围：中亚及东亚、俄罗斯。越冬于印度次大陆及非洲。

分布状况：亚种*pallidifrons*为中国西北的过境鸟。

习　　性：喜平原及荒漠原野的灌丛、开阔林地及树篱。

保护级别：三有保护鸟类　LC

## 红翅鵙鹛（*Pteruthius flaviscapis*）

**莺科**（Sylviidae），**鵙鹛属**（*Pteruthius*）

**主要特征：** 中等体型（17厘米）的鵙鹛。雄鸟头黑，眉纹白，上背及背灰，尾黑，两翼黑，初级飞羽羽端白，三级飞羽金黄或橘黄，下体灰白。雌鸟色暗，下体皮黄，头近灰，翼上少鲜艳色彩。虹膜—灰蓝；嘴—上嘴蓝黑，下嘴灰色；脚—粉白。叫声为嘹亮刺耳的单音too-too-too, klip klip或chip chip chap chip chap。

**分布范围：** 巴基斯坦东北部至中国及东南亚。

**分布状况：** 海拔350～2440米山区森林的偶见鸟。留鸟于海南岛（*lingshuiensis*），华中、华东、华南（*ricketti*）及西藏东南部（*validirostris*）。

**习　　性：** 成对或混群活动，在林冠层上下穿行捕食昆虫。在小树枝上侧身移动，仔细寻觅食物。

**保护级别：** LC

## 红翅旋壁雀（*Tichodroma muraria*）

**䴓科**（Sittidae），**旋壁雀属**（*Tichodroma*）

主要特征：体型略小（16厘米）而优雅的灰色鸟。尾短而嘴长，翼上具醒目的绯红色斑纹。繁殖期雄鸟脸及喉黑色，雌鸟黑色较少。非繁殖期成鸟喉偏白，头顶及脸颊沾褐色。飞羽黑色，外侧尾羽羽端白色显著，初级飞羽两排白色点斑飞行时成带状。虹膜—深褐；嘴—黑色；脚—棕黑。叫声为尖细的管笛音及哨音，不似䴓的叫声沙哑。鸣声为一连串多变而重复的高哨音ti-tiu-tree，节奏加快。

分布范围：南欧至中亚、印度北部、中国及蒙古南部。

分布状况：亚种*nepalensis*罕见或无规律地见于中国极西部、青藏高原、喜马拉雅山脉、中国中部及北部。越冬鸟见于华南及华东的大部分地区。

习　　性：在岩崖峭壁上攀爬，两翼轻展显露红色翼斑。冬季下迁至较低海拔处，甚至于建筑物上取食。

保护级别：LC

## 红腹红尾鸲（*Phoenicurus erythrogaster*）

**鹟科**（Muscicapidae），**红尾鸲属**（*Phoenicurus*）

**主要特征：** 体大（18厘米）而色彩醒目的红尾鸲。雄鸟似北红尾鸲，但体型较大，头顶及颈背灰白，尾羽栗色。翼上白斑甚大，黑色部位于冬季有烟灰色的缘饰。雌鸟似雌欧亚红尾鸲，但体型较大，褐色的中央尾羽与棕色尾羽对比不强烈。翼上无白斑。具点斑羽衣的幼鸟已具明显的白色翼斑。虹膜—褐色；嘴—黑色；脚—黑色。叫声包括微弱的lik声及较生硬的tek声。鸣声为短促清晰的哨音tit-tit-titer接以突发的似喘息短促音，于突出的栖木上或炫耀飞行时鸣唱。

**分布范围：** 高加索山脉、中亚、土耳其、喜马拉雅山脉、中国西北和中部及青藏高原。

**分布状况：** 西藏及青海至甘肃南部和陕西南部（秦岭）海拔3000～5500米的开阔而多岩的高山旷野。越冬于河北、山西、四川南部及云南北部。

**习　　性：** 耐寒性的红尾鸲，栖于高海拔处。性惧生而孤僻。炫耀时，雄鸟从突出栖处作高空翱翔，两翼颤抖以显示其醒目的白色翼斑。有时在动物尸体上觅食昆虫。雌鸟冬季往较低海拔处迁移，但雄鸟仍留居高海拔处，有时在雪中找食。

**保护级别：** LC

## 红喉姬鹟（*Ficedula parva*）

鹟科（Muscicapidae），姬鹟属（*Ficedula*）

**主要特征：** 体小（13厘米）的褐色鹟。尾色暗，基部外侧明显白色。繁殖期雄鸟胸红沾灰色，但冬季难见。雌鸟及非繁殖期雄鸟暗灰褐色，喉近白，眼圈狭窄白色。与北灰鹟的区别在于尾及尾上覆羽黑色。虹膜—深褐；嘴—黑色；脚—黑色。告警时发出粗糙的trrrt声、静静的tic声及粗哑的tzit声。

**分布范围：** 繁殖于古北界。冬季迁徙至中国及东南亚。

**分布状况：** 迁徙经过中国东半部。常见越冬于广西、广东及海南岛。

**习　　性：** 栖于林缘及河流两岸的较小树上。有险情时冲至隐蔽处。尾展开显露基部的白色，并发出粗哑的咯咯声。

**保护级别：** 三有保护鸟类　LC

## 红眉松雀（*Propyrrhula subhimachala*）

**燕雀科**（Fringillidae），**松雀属**（*Propyrrhula*）

主要特征：体大（19.5厘米）而显厚重的雀。嘴粗厚。成年雄鸟的眉、脸下颊、颏及喉猩红色，上体红褐，腰栗色，下体灰色。雌鸟橄榄黄色取代雄鸟的红色，上体沾绿橄榄色，颏及喉灰色。第一夏的雄鸟似成年雄鸟，但橘黄色取代红色。雄鸟与雄红胸朱雀的区别在于腹部灰色而非偏褐色，且上体纵纹较少。雌鸟与雌血雀的区别在于额及胸侧黄色。虹膜—深褐；嘴—黑褐，下嘴基部色较浅；脚—深褐。甚安静。鸣声为多变的颤鸣，也发出ter ter tee声，偶尔发出似麻雀的吱吱叫声。

分布范围：喜马拉雅山脉从尼泊尔中部至青藏高原东南部及中国西南。

分布状况：不常见留鸟于西藏南部、云南西北部及四川海拔3500 ~ 4200米的针叶林。

习　　性：冬季下迁至海拔2000 ~ 3000米。结小群或成对于林冠低层或地面取食。

保护级别：LC

## 红眉朱雀（*Carpodacus pulcherrimus*）

**燕雀科**（Fringillidae），**朱雀属**（*Carpodacus*）

**主要特征：** 中等体型（15厘米）的朱雀。上体褐色斑驳，眉纹、脸颊、胸及腰部浅紫粉色，臀部近白。雌鸟无粉色，但具明显的皮黄色眉纹。雄雌两性均甚似体型较小的曙红朱雀，但嘴较粗厚且尾较长。亚种*waltoni*粉色较其他亚种为浅。虹膜—深褐；嘴—浅角质色；脚—橙褐。叫声包括轻柔的trip或trillip声，似山雀的唧叫声。飞行时发出沙哑的chaaannn声。鸣声无描述且罕有。

**分布范围：** 喜马拉雅山脉、中国西南至中北部和蒙古。

**分布状况：** 常见留鸟于海拔3600～4650米。指名亚种于喜马拉雅山脉及新疆南部；*waltoni*于西藏南部及东南部；*argyrophrys*于西藏东北部、青海、甘肃、宁夏、内蒙古西部、四川、陕西及云南西北部；*davidianus*于内蒙古东南部、陕西北部、河北及北京。

**习　　性：** 喜桧树及有矮小栎树和杜鹃的灌丛。冬季下迁至较低海拔处。受惊扰时“僵”于树丛不动直至危险消失。

**保护级别：** 三有保护鸟类　LC

## 红头长尾山雀（*Aegithalos concinnus*）

**山雀科**（Paridae），**长尾山雀属**（*Aegithalos*）

**主要特征：** 体小（10厘米）的活泼而优雅的山雀。诸亚种有别。头顶及颈背棕色，过眼纹宽而黑，颏及喉白且具黑色圆形胸兜，下体白而具不同程度的栗色。亚种*talifuensis*及*concinnus*下胸及腹部白色，胸带及两胁深栗色，前者略显深；*iredalei*下体多皮黄色，胸部及两胁沾黄褐，上背及两翼灰色，尾近黑而缘白。幼鸟头顶色浅，喉白，具狭窄的黑色项纹。虹膜—黄色；嘴—黑色；脚—橘黄。叫声似银喉长尾山雀，包括尖细的联络声psip psip，低颤鸣声chrr trrt trrt，嘶嘶声si–si–si–si–li–u及高音啭鸣。

**分布范围：** 喜马拉雅山脉、中南半岛、中国华南及华中。

**分布状况：** 常见于海拔1400～3200米的开阔林、松林及阔叶林。亚种*iredalei*于西藏南部；*talifuensis*于西南；*concinnus*于华中、华南及华东。头顶灰色的亚种*pulchellus*可能出现在云南西南部西双版纳澜沧江以西。

**习　　性：** 性活泼，结大群，常与其他种类混群。

**保护级别：** 三有保护鸟类　LC

## 红头穗鹛（*Stachyris ruficeps*）

莺科（Sylviidae），穗鹛属（*Stachyris*）

**主要特征：** 体小（12.5厘米）的褐色穗鹛。顶冠棕色，上体暗灰橄榄色，眼先暗黄色，喉、胸及头侧沾黄色，下体黄橄榄色，喉具黑色细纹。与黄喉穗鹛的区别在于黄色较重，下体皮黄色较少。亚种*praecognita*上体灰色较少；*goodsoni*喉黄而具深色纵纹；*davidi*下体黄色。虹膜—红色；嘴—上嘴近黑，下嘴色较浅；脚—棕绿。鸣声似金头穗鹛，但第一声后无停顿，为pi-pi-pi-pi-pi-pi。叫声为低声吱叫及轻柔的四音节哨音whi-whi-whi-whi，似雀鹎。

**分布范围：** 喜马拉雅山脉东部至中国华中、华南及台湾，中南半岛。

**分布状况：** 常见的留鸟。亚种*bhamoensis*为留鸟于云南西部；指名亚种于西藏东南部；*davidi*于华中、华南及华东；*goodsoni*于海南岛；*praecognita*于台湾。

**习　　性：** 栖于森林、灌丛及竹丛。

**保护级别：** LC

## 红尾伯劳（*Lanius cristatus*）

**伯劳科**（Laniidae），**伯劳属**（*Lanius*）

**主要特征：** 中等体型（20厘米）的浅褐色伯劳。喉白。成鸟前额灰，眉纹白，宽宽的眼罩黑色，头顶及上体褐色，下体皮黄。亚种*superciliosus*上体多灰色而具灰色顶冠；*lucionensis*及*confusus*额偏白。亚成鸟似成鸟，但背及体侧具深褐色细小的鳞状斑纹。黑色眉纹使其有别于虎纹伯劳的亚成鸟。虹膜—褐色；嘴—黑色；脚—灰黑。冬季通常无声。繁殖期发出cheh-cheh-cheh的叫声及鸣声。

**分布范围：** 繁殖于东亚。冬季南迁至印度及东南亚。

**分布状况：** 一般性常见，高可至海拔1500米。亚种*confusus*繁殖于黑龙江，迁徙经过中国东部；*lucionensis*繁殖于吉林、辽宁及华北、华中和华东，冬季南迁，有些鸟在中国南方越冬；指名亚种为冬候鸟，迁徙经过中国东部的大多数地区；*superciliosus*冬季南迁至云南及华南。

**习　　性：** 喜开阔耕地及次生林，包括庭院及人工林。单独栖于灌丛、电线及小树上，捕食飞行中的昆虫或猛扑地面上的昆虫和小动物。

**保护级别：** 三有保护鸟类　LC

## 红尾水鸲（*Rhyacornis fuliginosus*）

鹟科（Muscicapidae），水鸲属（*Rhyacornis*）

主要特征：体小（14厘米）的雄雌异色水鸲。雄鸟腰、臀及尾栗褐色，其余部位深青石蓝色。与多数红尾鸲的区别在于无深色的中央尾羽。雌鸟上体灰，眼圈色浅，下体白，羽缘灰色而成鳞状斑纹，臀、腰及外侧尾羽基部白色，尾余部黑色，两翼黑色，覆羽及三级飞羽羽端具狭窄白色。与小燕尾的区别在于头顶无白色，翼上无横纹。雄雌两性均具明显的不停弹尾动作。幼鸟灰色上体具白色点斑。亚种*affinis*的雄鸟尾上覆羽棕色，雌鸟尾部白色较少，下体鳞状斑纹仅限于腹中心。虹膜—深褐；嘴—黑色；脚—褐色。叫声为尖哨音ziet ziet，占区时发出威胁性的kree声。鸣声为快捷短促的金属般碰撞声streee-treee-tree-treeeh，栖于岩上或于飞行时发出。

分布范围：巴基斯坦、喜马拉雅山脉至中国及中南半岛北部。

分布状况：常见的垂直性迁移候鸟，见于海拔1000～4300米的湍急溪流及清澈河流。亚种*fuliginosus*于西藏南部及华南大部分地区，北至青海、甘肃、陕西、山西、河南及山东；*affinis*于台湾，见于海拔600～2000米。

习　　性：单独或成对。几乎总是在多砾石的溪流及河流两旁，或栖于水中砾石上。尾常摆动。在岩石间快速移动。炫耀时停在空中振翼，尾展开呈扇形，作螺旋形飞回栖处。领域性强，但常与河乌、溪鸲或燕尾混群。

保护级别：LC

## 红胁蓝尾鸲（*Tarsiger cyanurus*）

**鹟科**（Muscicapidae），**鸲属**（*Tarsiger*）

**主要特征：** 体型略小（15厘米）而喉白的鸲。特征为橘黄色两胁与白色腹部及臀部形成对比。雄鸟上体蓝色，眉纹白；亚成鸟及雌鸟褐色，尾蓝。雌鸟与雌蓝歌鸲的区别在于喉褐色且具白色中线而非喉全白，两胁橘黄而非皮黄。亚种*rufilatus*腰、小覆羽及眉纹亮丽海蓝色，喉灰色较重。虹膜—褐色；嘴—黑色；脚—灰色。叫声为单音或双轻音的chuck，声轻且弱的churrr-chee或dirrh-tu-du-dirrh。

**分布范围：** 繁殖于亚洲东北部及喜马拉雅山脉。冬季迁徙至中国南方及东南亚。

**分布状况：** 指名亚种繁殖于黑龙江，迁徙时经华东至长江以南地区越冬；*rufilatus*繁殖于青海东部至甘肃南部、陕西南部、四川及西藏东部，越冬于云南南部及西藏东南部。

**习　　性：** 长期栖于湿润山地森林及次生林的林下低处。

**保护级别：** 三有保护鸟类　LC

## 红胸啄花鸟（*Dicaeum ignipectus*）

**太阳鸟科**（Nectariniidae），**啄花鸟属**（*Dicaeum*）

主要特征：体型纤小（9厘米）的深色啄花鸟。雄鸟上体闪辉深蓝绿色，下体皮黄色，胸部具猩红色的块斑，一道狭窄的黑色纵纹沿腹部而下。雌鸟下体赭皮黄色。成鸟似纯色啄花鸟的亚成鸟，但分布在较高海拔处。虹膜—褐色；嘴及脚—黑色。鸣声为高音的金属声啾叫titty–titty–titty。叫声为清脆的chip声。

分布范围：喜马拉雅山脉、中国南方、东南亚。

分布状况：常见留鸟于海拔800～2200米的山地森林。指名亚种于中国华中、华南及西藏东南部；*formosum*于台湾。

习　　性：似其他啄花鸟，多见于树顶的桑寄生属槲类植物上。

保护级别：LC

## 红嘴蓝鹊（*Urocissa erythrorhyncha*）

**鸦科**（Corvidae），**蓝鹊属**（*Urocissa*）

主要特征：体长（68厘米）且具长尾的亮丽蓝鹊。头黑而顶冠白。与黄嘴蓝鹊的区别在于嘴猩红，脚红色。腹部及臀部白色，尾楔形，外侧尾羽黑色而端白。虹膜—红色；嘴—红色；脚—红色。发出粗哑刺耳的联络叫声和一系列其他叫声及哨音。

分布范围：喜马拉雅山脉、印度东北部、中国及中南半岛。

分布状况：常见并广泛分布于林缘地带、灌丛甚至村庄。指名亚种为留鸟于中国中部、西南、华南及华东；*alticola*于云南西北部及西部；*brevivexilla*于甘肃南部及宁夏南部至山西、河北、内蒙古东南部及辽宁西部。

习　　性：性喧闹，结小群活动。以果实、小型鸟类及卵、昆虫和动物尸体为食，常在地面取食。主动围攻猛禽。

保护级别：三有保护鸟类　LC

## 红嘴相思鸟（*Leiothrix lutea*）

莺科（Sylviidae），相思鸟属（*Leiothrix*）

**主要特征：** 色艳可人的小巧（15.5厘米）鹛。具显眼的红嘴。上体橄榄绿，眼周有黄色块斑，下体橙黄。尾近黑而略分叉。翼略黑，红色和黄色的羽缘在歇息时成明显的翼纹。虹膜—褐色；嘴—红色；脚—粉红。鸣声细柔，但甚为单调。

**分布范围：** 喜马拉雅山脉、印度阿萨姆、缅甸西部及北部、中国南方及越南北部。

**分布状况：** 指名亚种为留鸟于中国华中、华南及华东；*kwantungensis*于华南；*yunnanensis*于云南西部；*calipyga*于西藏南部及东南部。

**习　　性：** 性吵嚷，成群栖于次生林的林下植被。鸣声欢快、色彩华美及相互亲热的习性使其常为笼中宠物。休息时常紧靠在一起相互梳理羽毛。

**保护级别：** 三有保护鸟类　LC

## 虎纹伯劳（*Lanius tigrinus*）

**伯劳科**（Laniidae），**伯劳属**（*Lanius*）

**主要特征：** 中等体型（19厘米）、背部棕色的伯劳。较红尾伯劳明显嘴厚、尾短而眼大。雄鸟顶冠及颈背灰色，背、两翼及尾深栗色而多具黑色横斑，过眼纹宽且黑，下体白，两胁具褐色横斑。雌鸟似雄鸟，但眼先及眉纹色浅。亚成鸟为较暗的褐色，眼纹黑色而具模糊的横斑，眉纹色浅，下体皮黄，腹部及两胁的横斑较红尾伯劳为粗。虹膜—褐色；嘴—蓝色，端黑；脚—灰色。叫声为粗哑似喘息的吱吱声，如红尾伯劳。

**分布范围：** 东亚。冬季南迁至马来半岛及大巽他群岛。

**分布状况：** 甚常见，高可至海拔900米。繁殖于吉林、河北至华中及华东。冬季南迁。

**习　　性：** 具有本属的典型特性，喜在多林地带，通常在林缘突出树枝上捕食昆虫。不如红尾伯劳显眼，多藏身于林中。

**保护级别：** 三有保护鸟类　LC

## 黄腹柳莺（*Phylloscopus affinis*）

**莺科**（Sylviidae），**柳莺属**（*Phylloscopus*）

**主要特征：** 中等体型（10.5厘米）的色浅而艳的结实型柳莺。两翼略长，尾圆而略凹。上体橄榄绿，黄色的眉纹长且粗，有时近后端偏白。耳羽暗黄，无翼斑。尾及飞羽褐色，羽外侧有橄榄色羽缘。下体黄，胸侧沾皮黄，两胁及臀部沾橄榄色。外侧三枚尾羽羽端及内侧白色，旧体羽灰色较重而少黄色。与棕腹柳莺易混淆，不同之处在于嘴较长且下嘴端无深色，眉纹较显著，尾较短，耳羽黄色较多，腹部色浅而多黄色。比灰柳莺体小而多橄榄色，且眉纹较鲜亮。无棕眉柳莺的喉部纵纹。虹膜—褐色；嘴—上嘴褐色，下嘴偏黄；脚—暗色。鸣声为快速的成串轻柔音chip chi-chi-chi-chi-chi-chi，前面有一装饰音。叫声为偏高的chep声。告警时发出快速重复的tak-tak声。

**分布范围：** 繁殖于巴基斯坦北部经喜马拉雅山脉至中国中部。越冬于印度、孟加拉国、缅甸北部及中国西南。

**分布状况：** 地方性常见于西藏南部、青海、甘肃、陕西南部、四川及云南北部海拔2700～5000米的高山灌丛及多岩山谷。冬季迁徙至西藏东南部、云南西部和贵州的灌丛及竹林。

**习　　性：** 藏匿于低植被，动作快而略显慌张。冬季有时结小群，多栖于森林。

**保护级别：** 三有保护鸟类　LC

## 黄腹山雀（*Parus venustulus*）

**山雀科**（Paridae），**山雀属**（*Parus*）

主要特征：体小（10厘米）而尾短的山雀。下体黄色，翼上具两排白色点斑，嘴甚短。雄鸟头及胸兜黑色，颊斑及颈后点斑白色，上体蓝灰，腰银白。雌鸟头部灰色较重，喉白，与颊斑之间有灰色的下颊纹，眉略具浅色点斑。幼鸟似雌鸟，但色暗，上体多橄榄色。体型较小且无大山雀及绿背山雀胸、腹部的黑色纵纹。虹膜—褐色；嘴—近黑；脚—蓝灰。叫声为高调的鼻音si-si-si-si。鸣声为重复的单音或双音，似煤山雀，但较有力。

分布范围：中国东南部的特有种。

分布状况：地方性常见于华南、华中及华东的落叶混交林，北可至北京。夏季高可至海拔3000米，冬季较低。

习　　性：结群栖于林区。有间发性的急剧繁殖。

保护级别：三有保护鸟类　LC

## 黄腹扇尾鹟（*Rhipidura hypoxantha*）

**鸦科**（Corvidae），**扇尾鹟属**（*Rhipidura*）

**主要特征：** 体小（12厘米）的扇尾鹟。额、眉纹及下体黄色，眼罩宽，雄鸟黑色，雌鸟深绿色。扇形的尾甚长，尾端白色而有别于黑脸鹟莺。虹膜—褐色；嘴—黑色；脚—黑色。叫声为甜润的高颤音或单个高音。

**分布范围：** 喜马拉雅山脉至中国西南及中南半岛北部。

**分布状况：** 不常见于西藏南部及东南部、四川南部和云南海拔800～3700米的丘陵及高山林。

**习　　性：** 性活泼多动，扇形尾不停地张开或上翘。

**保护级别：** LC

## 黄腹啄花鸟（*Dicaeum melanoxanthum*）

**太阳鸟科**（Nectariniidae），**啄花鸟属**（*Dicaeum*）

主要特征：雄鸟为体大（13厘米）的下腹部为艳黄色的啄花鸟。特征为喉部的白色纵斑与黑色的头、喉侧及上体形成对比，外侧尾羽内翈具白色块斑。雌鸟似雄鸟，但色暗。虹膜—褐色；嘴—黑色；脚—黑色。叫声为沙哑不安的zit-zit-zit-zit声。

分布范围：尼泊尔至中国西南及中南半岛。

分布状况：不常见于四川西部及西南部、云南西部及南部海拔1400～4000米的亚高山长绿林、开阔松林及森林空隙和林缘。冬季下迁。

习　　性：多栖于常绿林的林缘及空隙，食寄生植物的果实。

保护级别：LC

## 黄喉鹀（*Emberiza elegans*）

燕雀科（Fringillidae），鹀属（*Emberiza*）

主要特征：中等体型（15厘米）的鹀。腹白，头部图纹为清楚的黑色及黄色，具短羽冠。雌鸟似雄鸟，但色暗，褐色取代黑色，皮黄色取代黄色。与田鹀的区别在于脸颊深褐色而无黑色边缘，且脸颊后无浅色块斑。亚种*ticehursti*较指名亚种色浅且上背纵纹窄；*elegantula*较指名亚种色深，上背、胸部及两胁的纵纹粗且深。虹膜—深栗褐；嘴—近黑；脚—浅灰褐。鸣声为单调的啾啾声，由树栖处发出，似田鹀。叫声为重复而似流水的偏高声tzik。

分布范围：分布不连贯，于中国中部和东北、朝鲜及西伯利亚东南部。

分布状况：甚常见。亚种*elegantula*为留鸟于中国中部至西南；*elegans*繁殖于西伯利亚东南部及黑龙江北部，越冬于中国东南部；*ticehursti*繁殖于朝鲜及邻近的中国东北地区，越冬于中国南方。

习　　性：栖于丘陵及山脊的干燥落叶林及混交林。越冬于多荫林地、森林及次生灌丛。

保护级别：三有保护鸟类　LC

## 黄鹡鸰（*Motacilla flava*）

**麻雀科**（Passeridae），**鹡鸰属**（*Motacilla*）

**主要特征：**中等体型（18厘米）的带褐色或橄榄色的鹡鸰。似灰鹡鸰，但背橄榄绿色或橄榄褐色而非灰色，尾较短，飞行时无白色翼纹或黄色腰。诸亚种有别：较常见的亚种*simillima*雄鸟头顶灰色，眉纹及喉白色；*taivana*头顶橄榄色与背同，眉纹及喉黄色；*tschutschensis*头顶及颈背深蓝灰色，眉纹及喉白色；*macronyx*头灰色，无眉纹，颏白而喉黄；*leucocephala*头顶及头侧白色；*plexa*头顶及颈背青石灰色；*melanogrisea*头顶、颈背及头侧橄榄黑色。非繁殖期体羽褐色较重较暗，但三、四月已恢复繁殖期体羽。雌鸟及亚成鸟无黄色的臀部。亚成鸟腹部白。虹膜—褐色；嘴—褐色；脚—褐至黑色。群鸟飞行时发出尖细悦耳的tsweep声，结尾时略上扬。鸣声为重复的叫声间杂颤鸣声。

**分布范围：**繁殖于欧洲至西伯利亚及阿拉斯加。南迁至印度、中国、东南亚及澳大利亚越冬。

**分布状况：**常见的低地夏季繁殖鸟、冬候鸟及过境鸟。亚种*plexa*，*angarensis*，*simillima*，*beema*及*tschuschensis*繁殖于西伯利亚东部，迁徙时见于中国东部省份；*simillima*迁徙时经过台湾；*macronyx*繁殖于中国北方，越冬于中国东南；*leucocephala*繁殖于中国西北，越冬于喀什地区；*melanogrisea*繁殖于新疆西部天山及塔尔巴哈台山；*taivana*迁徙时经过中国东部，越冬于中国东南。

习　　性：喜稻田、沼泽边缘及草地。常结成甚大群，在牲口周围取食。

保护级别：三有保护鸟类　LC

## 黄眉林雀（*Sylviparus modestus*）

**山雀科（Paridae），林雀属（*Sylviparus*）**

主要特征：体小（10厘米）的山雀。外形似柳莺或啄花鸟。体羽大致橄榄色，羽冠短，狭窄的黄色眼圈，浅黄色的短眉纹有时被覆盖。腿甚显粗壮。与火冠雀的区别在于具羽冠而腰部无浅色反差。虹膜—深褐；嘴—角质色，基部偏灰；脚—蓝灰。叫声为高调颤音si–si–si–si–si，圆润的哨音piu–piu–piu。

分布范围：喜马拉雅山脉、中南半岛及中国南方。

分布状况：甚常见于西藏南部、云南西部、四川、贵州及东南部武夷山的针叶林、常绿林及落叶混交林。

习　　性：性活泼，行动似山雀。告警或兴奋时羽冠耸立，浅色眉纹显出。

保护级别：三有保护鸟类　LC

## 黄眉柳莺（*Phylloscopus inornatus*）

**莺科**（Sylviidae），**柳莺属**（*Phylloscopus*）

**主要特征：** 中等体型（11厘米）的鲜艳橄榄绿色柳莺。通常具两道明显的近白色翼斑，眉纹纯白或乳白色，无可辨的顶纹，下体从白色变至黄绿色。与极北柳莺的区别在于上体较鲜亮，翼纹较醒目且三级飞羽羽端白色。与分布上无重叠的淡眉柳莺的区别在于上体较鲜亮，绿色较重。与黄腰柳莺及四川柳莺的区别在于无浅色顶纹。与暗绿柳莺的区别在于体型较小且下嘴色深。虹膜—褐色；嘴—上嘴色深，下嘴基部黄色；脚—粉褐。吵嚷。不停地发出响亮而上扬的swe-eeet叫声。鸣声为一连串低弱叫声，音调下降至消失，也发出双音节的tsioo-eee，第二音音调先降后升。

**分布范围：** 繁殖于亚洲北部及中国东北。冬季南迁至印度、东南亚及马来半岛。

**分布状况：** 指名亚种繁殖于中国东北，冬季迁徙经中国大部分地区至西南、华南及华东。一般常见于森林及林区。

**习　　性：** 性活泼，常结群且与其他小型食虫鸟类混群，栖于森林的中上层。

**保护级别：** 三有保护鸟类　LC

## 黄头鹡鸰（*Motacilla citreola*）

**麻雀科**（Passeridae），**鹡鸰属**（*Motacilla*）

**主要特征：** 体型略小（18厘米）的鹡鸰。头及下体艳黄色。诸亚种上体的色彩不一。亚种*citreola*背及两翼灰色；*werae*背部灰色较淡；*calcarata*背及两翼黑色。具两道白色翼斑，雌鸟头顶及脸颊灰色。与黄鹡鸰的区别在于背灰色。亚成鸟暗淡白色取代成鸟的黄色。虹膜—深褐；嘴—黑色；脚—近黑。喘息声tsweep不如灰鹡鸰或黄鹡鸰的沙哑。从栖处或于飞行时鸣叫，为重复而有颤鸣的叫声。

**分布范围：** 繁殖于中东北部、俄罗斯、中亚、印度西北部、中国北方。越冬于印度及中国南方和东南亚。

**分布状况：** 亚种*werae*繁殖于中国西北至塔里木盆地的北部；*citreola*繁殖于中国北方，冬季南迁至华南沿海；*calcarata*繁殖于中国中西部地区，冬季迁徙至西藏东南部及云南。

**习　　性：** 喜沼泽草甸、苔原带及柳树丛。

**保护级别：** 三有保护鸟类　LC

## 黄臀鹎（*Pycnonotus xanthorrhous*）

鹎科（Pycnonotidae），鹎属（*Pycnonotus*）

主要特征：中等体型（20厘米）的灰褐色鹎。顶冠及颈背黑色。与白喉红臀鹎的区别在于耳羽褐色，胸带灰褐，尾端无白色。与白头鹎的区别在于耳羽褐色，翼上无黄色，尾下覆羽黄色较重。亚种*andersoni*几无褐色胸带。虹膜—褐色；嘴—黑色；脚—黑色。叫声为沙哑的brzzp声。

分布范围：中国南方、缅甸及中南半岛北部。

分布状况：甚常见于海拔800~4300米。指名亚种于四川西部，云南西部、南部及西藏东南部有记录；*andersoni*于华中、华东及华南。

习　　性：典型的群栖型鹎鸟，栖于丘陵次生荆棘丛及蕨类植丛。

保护级别：三有保护鸟类　LC

## 黄腰柳莺（*Phylloscopus proregulus*）

**莺科（Sylviidae），柳莺属（*Phylloscopus*）**

主要特征：体小（9厘米）的背部绿色的柳莺。腰柠檬黄色，具两道浅色翼斑，下体灰白，臀部及尾下覆羽沾浅黄，具黄色的粗眉纹和适中的顶纹，新换的体羽眼先为橘黄色，嘴细。虹膜—褐色；嘴—黑色，基部橙黄；脚—粉红。鸣声洪亮有力，为清晰多变的choo-choo-chee-chee-chee 等声重复4～5次，间杂颤音及嘟声。叫声包括轻柔鼻音dju-ee或swe-eet及柔声weesp，不如黄眉柳莺叫声刺耳。

分布范围：繁殖于亚洲北部。越冬于印度、中国南方及中南半岛北部。

分布状况：常见的季节性候鸟。指名亚种繁殖于中国东北，迁徙经华东至长江以南的低地越冬。

习　　性：栖于亚高山林，夏季高可至海拔4200米的林线。越冬于低地林区及灌丛。

保护级别：三有保护鸟类　LC

## 灰背伯劳（*Lanius tephronotus*）

**伯劳科**（Laniidae），**伯劳属**（*Lanius*）

主要特征：体型略大（25厘米）而尾长的伯劳。似棕背伯劳，区别在于上体深灰色，仅腰及尾上覆羽具狭窄的棕色带。初级飞羽的白色块斑小或无。虹膜—褐色；嘴—绿色；脚—绿色。发出粗哑喘息叫声并模仿其他鸟的叫声。

分布范围：喜马拉雅山脉至中国南部及西部。越冬于东南亚。

分布状况：在中国西部替代棕背伯劳，于华中两者有些重叠。地方性常见于喜马拉雅山脉高可至海拔4500米的灌丛、开阔地区及耕地。

习　　性：似棕背伯劳。甚不惧人。

保护级别：三有保护鸟类　LC

## 灰背燕尾（*Enicurus schistaceus*）

**鹟科（Muscicapidae），燕尾属（*Enicurus*）**

主要特征：中等体型（23厘米）的黑白色燕尾。与其他燕尾的区别在于头顶及背灰色。幼鸟头顶及背青石深褐色，胸部具鳞状斑纹。虹膜—褐色；嘴—黑色；脚—粉红。叫声为高而尖的金属音teenk。

分布范围：喜马拉雅山脉至中国南方及中南半岛。

分布状况：常见于西藏东南部、四川、云南、贵州、广西、广东、湖南及福建海拔400 ~ 1800米的山林溪流。

习　　性：似其他燕尾。常立于林间多砾石的溪流旁。

保护级别：LC

## 灰腹绣眼鸟（*Zosterops palpebrosus*）

**绣眼鸟科**（Zosteropidae），**绣眼鸟属**（*Zosterops*）

**主要特征**：体小（11厘米）的橄榄绿色绣眼鸟。似暗绿绣眼鸟，区别在于沿腹部中心向下具一道狭窄的柠檬黄色斑纹，眼先及眼区黑色，白色的眼圈较窄。虹膜—黄褐；嘴—黑色；脚—橄榄灰。叫声为轻柔的高音嘁喳叫声dzi-da-da或重复金属音dza dza。群鸟嘁喳叫个不停。

**分布范围**：印度至中国南方及东南亚。

**分布状况**：亚种*siamensis*为常见的留鸟，于西藏东南部及四川南部至广西西南部高可至海拔1400米的低地及丘陵；*joannae*在中国西部有记录，但状况不详。随季节迁徙。

**习　　性**：喜原始林及次生植被。结成大群，与其他鸟类如山椒鸟等随意混群，在最高树木的顶层活动。

**保护级别**：三有保护鸟类　LC

## 灰鹡鸰（*Motacilla cinerea*）

**麻雀科（Passeridae），鹡鸰属（*Motacilla*）**

**主要特征：** 中等体型（19厘米）而尾长的偏灰色鹡鸰。腰黄绿色，下体黄。与黄鹡鸰的区别在于上背灰色，飞行时白色翼斑和黄色腰显现，且尾较长。成鸟下体黄，亚成鸟下体偏白。虹膜—褐色；嘴—黑褐；脚—粉灰。飞行时发出尖声的tzit-zee或生硬的单音tzit。

**分布范围：** 繁殖于欧洲至西伯利亚及阿拉斯加。南迁至非洲、印度、东南亚及澳大利亚越冬。

**分布状况：** 亚种*robusta*（*cinerea*也可能）繁殖于天山西部、西北及东北至华中，也繁殖于台湾，越冬于西南、华南及华东。一般常见于各海拔地区。

**习　　性：** 常光顾多岩溪流并在潮湿砾石或沙地觅食，也于最高山脉的高山草甸上活动。

**保护级别：** 三有保护鸟类　LC

## 灰卷尾（*Dicrurus leucophaeus*）

**鸦科**（Corvidae），**卷尾属**（*Dicrurus*）

主要特征：中等体型（28厘米）的灰色卷尾。脸偏白，尾长而深开叉。各亚种有别。亚种*leucogenis*色较浅；*hopwoodi*较其他亚种色深；*salangensis*眼先黑色；*hopwoodi*脸无浅色块斑。虹膜—橙红；嘴—灰黑；脚—黑色。发出清晰嘹亮的鸣声huur-uur-cheluu或wee-peet, wee-peet，也发出咪咪叫声及模仿其他鸟的叫声。据称有时在夜间鸣叫。

分布范围：阿富汗至中国及东南亚。

分布状况：常见的留鸟及季节性候鸟，分布在海拔600 ~ 2500米的丘陵和山区开阔林地及林缘，但在云南高可至海拔4000米。亚种*leucogenis*从吉林及黑龙江南部至华东及华南；*salangensis*于华中及华南，越冬于海南岛；*hopwoodi*于西南；*innexus*为留鸟于海南岛。

习　　性：成对活动，立于林间空地的裸露树枝或藤条上，捕食过往昆虫，攀高捕捉飞蛾或俯冲捕捉飞行中的猎物。

保护级别：三有保护鸟类　LC

## 灰眶雀鹛（*Alcippe morrisonia*）

**莺科（Sylviidae），雀鹛属（*Alcippe*）**

**主要特征：** 体型略大（14厘米）的喧闹而好奇的群栖型雀鹛。上体褐色，头灰色，下体皮黄灰色。具明显的白色眼圈。深色侧冠纹从显著至几乎缺乏。与褐脸雀鹛的区别在于下体偏白，脸颊多灰色且眼圈白色。虹膜—红色；嘴—灰色；脚—偏粉。鸣声为甜美的哨音ji-ju ji-ju，常接有起伏而拖长的尖叫声。受惊扰时发出不安的颤鸣声。以“呸”声易吸引此鸟。

**分布范围：** 中国南方，缅甸东北部、东部，中南半岛北部。

**分布状况：** 中等海拔地区的常见留鸟。亚种*yunnanensis*于西藏东南部及云南西北部；*fraterculus*于云南西南部；*schaefferi*于云南东南部；*rufescentior*于海南岛；*morrisoniana*于台湾；*hueti*于广东至安徽；*davidi*于湖北西部至四川。

**习　　性：** 常与其他种类混合于“鸟潮”中。大胆围攻小型鸮类及其他猛禽。

**保护级别：** LC

## 灰蓝姬鹟（*Ficedula tricolor*）

**鹟科**（Muscicapidae），**姬鹟属**（*Ficedula*）

**主要特征：** 体小（13厘米）的青石蓝色鹟。下体近白，尾黑，外侧基部白，头侧及喉深灰并延伸至胸侧。亚种*cerviniventris*（包括*minuta*）下体沾棕色。雄鸟喉部具三角形橄榄色块斑。虹膜—褐色；嘴—黑色；脚—黑色。告警时发出ee-tick的叫声，也发出快速的ee-tick-tick-tick-tick声。

**分布范围：** 喜马拉雅山脉、印度阿萨姆、中国南方、缅甸。越冬于中南半岛北部。

**分布状况：** 于山区的常绿林中并不罕见。指名亚种为西藏西南部的留鸟；*cerviniventris*于西藏东南部；*diversa* 于华中及西南。迷鸟见于河北的北戴河。

**习　　性：** 多栖于林下灌丛，冬季栖于针叶林。两翼下悬，尾不停抽动。

**保护级别：** LC

## 灰林䳭（*Saxicola ferrea*）

鹟科（Muscicapidae），石䳭属（*Saxicola*）

主要特征：中等体型（15厘米）的偏灰色䳭。雄鸟的特征为上体灰色斑驳，醒目的白色眉纹及黑色脸罩与白色的颏及喉形成对比，下体近白，烟灰色胸带延伸至两胁，翼及尾黑色，飞羽及外侧尾羽羽缘灰色，内侧覆羽白色（飞行时可见），停息时背羽有褐色缘饰，旧羽灰色重。雌鸟似雄鸟，但褐色取代灰色，腰栗褐。幼鸟似雌鸟，但下体褐色而具鳞状斑纹。虹膜—深褐；嘴—灰色；脚—黑色。叫声为上扬的prrei声。告警叫声为轻声的churr接哀怨的管笛音hew。鸣声为短促细弱的颤音，以洪亮的哨音收尾。

分布范围：喜马拉雅山脉、中国南部及中南半岛北部。冬季迁徙至亚热带低地。

分布状况：甚常见。亚种*ferrea*于西藏东南部及云南西部；有争议的亚种*haringtoni*于中国北纬34° 以南的其余地区，越冬于台湾。

习　　性：喜开阔灌丛及耕地，在同一地点长时间停栖。尾摆动。在地面或于飞行中捕捉昆虫。

保护级别：LC

## 灰柳莺（*Phylloscopus griseolus*）

**莺科**（Sylviidae），**柳莺属**（*Phylloscopus*）

**主要特征：** 中等体型（11厘米）的冷褐色柳莺。下体硫黄色，上胸、胸侧及两胁沾灰褐。尾无白色，无翼斑，无顶纹。颏偏白，眉纹长且色浅，过眼纹近黑。与棕腹柳莺的区别在于色较冷而少橄榄色，眉线前端橘黄而后端黄色。比烟柳莺色浅而亮丽。与棕眉柳莺的区别在于色彩较冷且喉无黄色细纹。虹膜—褐色；嘴—带粉色，端色深；脚—褐色。鸣声约1秒钟，包括 4 ~ 5个音调相同的快音节tsi–tsi–tsi–tsi–tsi。有时前面有清脆的装饰音。叫声为轻柔而具特色的quip声，听似滴水。

**分布范围：** 繁殖于南亚及中国西部山区。越冬于印度。

**分布状况：** 鲜见的夏季繁殖鸟，见于新疆的喀什、天山、和静及昆仑山以及青海的祁连山。

**习　　性：** 在树枝上横向移动而似旋木雀。穿行于灌丛中而似岩鹨。常光顾多砾石堆积的山麓地带。

**保护级别：** 三有保护鸟类　LC

## 灰山椒鸟（*Pericrocotus divaricatus*）

**鸦科**（Corvidae），**山椒鸟属**（*Pericrocotus*）

**主要特征：** 体型略小（20厘米）的黑、灰及白色山椒鸟。与小灰山椒鸟的区别在于眼先黑色。与鹃鵙的区别在于下体白色，腰部灰色。雄鸟顶冠、过眼纹及飞羽黑色，上体余部灰色，下体白色。雌鸟色浅而多灰色。虹膜—褐色；嘴及脚—黑色。飞行时发出金属般颤音。

**分布范围：** 东北亚及中国东部。冬季南迁至东南亚。

**分布状况：** 指名亚种繁殖于黑龙江的小兴安岭，于台湾可能也有繁殖，迁徙时见于中国华东及华南。罕见于高可至海拔900米的落叶林地及林缘。

**习　　性：** 在树层中捕食昆虫。飞行时不如其他色彩艳丽的山椒鸟易见。可形成多至15只鸟的小群。

**保护级别：** 三有保护鸟类　LC

## 灰头鸫（*Turdus rubrocanus*）

鹟科（Muscicapidae），鸫属（*Turdus*）

主要特征：体型略小（25厘米）的栗色及灰色鸫。体羽色彩特别——头及颈灰色，两翼及尾黑色，身体多栗色。与棕背黑头鸫的区别在于头灰色而非黑色，栗色的身体与深色的头、胸部之间无偏白色边界，尾下覆羽黑色且羽端白色而非黑色且羽端棕色，眼圈黄色。虹膜—褐色；嘴—黄色；脚—黄色。告警时咯咯叫，似乌鸫。其他叫声包括生硬的chook-chook声及快速不连贯的sit-sit-sit声。鸣声优美，似欧歌鸫，但持续时间较短。于树顶上鸣叫。

分布范围：阿富汗东部、喜马拉雅山脉至印度东北部、缅甸北部及西藏高原至中国中部。

分布状况：亚种*gouldii*为常见留鸟于西藏东南部及东部、青海南部、四川、云南西北部、甘肃南部、宁夏南部、陕西南部和湖北西部的神农架地区，偶见于山东；指名亚种可能见于西藏南部及西南部，栖于海拔2100～3700米的亚高山落叶林及针叶林，冬季迁徙至较低海拔处。

习　　性：一般单独或成对活动，但冬季结小群。常于地面取食。甚惧生。

保护级别：LC

## 灰头灰雀（*Pyrrhula erythaca*）

**燕雀科**（Fringillidae），**灰雀属**（*Pyrrhula*）

主要特征：体型略大（17厘米）而厚实的灰雀。嘴厚且略带钩。似其他灰雀，但成鸟的头灰色。雄鸟胸及腹部深橘黄色。雌鸟下体及上背暖褐色，背有黑色条带。幼鸟似雌鸟，但整个头全褐色，仅有极细小的黑色眼罩。飞行时白色的腰及灰白色的翼斑明显可见。虹膜—深褐；嘴—近黑；脚—粉褐。叫声为缓慢的soo-ee声，似灰腹灰雀，有时似三音节哨音。亚种*owstoni*发出细柔的yifu yifu声。鸣声尚无记录。

分布范围：喜马拉雅山脉至中国中部及台湾。

分布状况：地方性常见于海拔2500～4100米。指名亚种为留鸟，由西藏东南部经华中至山西西南部、云南南部及西北部；*wilderi*于河北北部至北京西部；*owstoni*为台湾地区的特有亚种。

习　　性：栖于亚高山针叶林及混交林。冬季结小群生活。甚不惧人。

保护级别：三有保护鸟类　LC

## 灰头鹀（*Emberiza spodocephala*）

燕雀科（Fringillidae），鹀属（*Emberiza*）

**主要特征：** 体小（14厘米）的黑色及黄色鹀。指名亚种繁殖期雄鸟的头、颈背及喉灰，眼先及颏黑，上体余部深栗色而具明显的黑色纵纹，下体浅黄或近白，肩部具一白斑，尾色深而带白色边缘。雌鸟及冬季雄鸟头橄榄色，过眼纹及耳覆羽下的月牙形斑纹黄色。冬季雄鸟与硫黄鹀的区别在于无黑色眼先。亚种*sordida*及*personata*头部较指名亚种多绿灰色；*personata*上胸及喉黄色。虹膜—深栗褐；嘴—上嘴近黑并具浅色边缘，下嘴偏粉且端色深；脚—粉褐。于显露的栖处鸣叫。鸣声为一连串活泼清脆的吱吱声及颤音，似芦鹀。叫声为轻嘶声tsii-tsii。

**分布范围：** 繁殖于西伯利亚、日本、中国东北及中西部。越冬于中国南方。

**分布状况：** 常见。指名亚种繁殖于中国东北，越冬于中国南方；日本的亚种*personata*偶见越冬于华东及华南沿海；中国的亚种*sordida*繁殖于中国中西部（青海东部、甘肃、陕西南部、四川、云南北部、贵州及湖北），越冬于华南及华东。

**习　　性：** 不断地弹尾以显露外侧尾羽的白色羽缘。于森林、林地及灌丛的地面取食。越冬于芦苇地、灌丛及林缘。

**保护级别：** 三有保护鸟类　LC

## 灰胸鹪莺（*Prinia hodgsonii*）

**扇尾莺科**（Cisticolidae），**鹪莺属**（*Prinia*）

主要特征：体型略小（12厘米）的灰褐色鹪莺。具略长的凸形尾。繁殖期成鸟上体偏灰，飞羽的棕色边缘形成翼上的褐色镶嵌型斑纹，下体白色，具明显的灰色胸带。非繁殖期的成鸟及幼鸟难与非繁殖期的暗冕鹪莺相区别，但浅色的眉纹较短（于眼后模糊不清），嘴较小而色深，尾端白色而非皮黄色。尾比褐头鹪莺短很多。亚种 *rufula* 于非繁殖期头顶多棕色，下体奶棕色。虹膜—橘黄；嘴—黑色（冬季褐色）；脚—偏粉。鸣声为响而尖的chiwee-chiwee-chiwi-chip-chip-chip声，音调、音量均上升至突然停止。叫声为chew-chew-chew或连续的zee-zee-zee声。

分布范围：喜马拉雅山麓至中国西南及东南亚。

分布状况：常见于次生林下植被、灌丛及草地，高可至海拔1800米。亚种*confusa* 为留鸟于四川南部及云南西部和南部；*rufula*于西藏东南部及云南西北部。

习　　性：冬季结群。惧生且藏匿不露。习性似暗冕鹪莺，但喜较干燥的栖息环境。

保护级别：LC

## 火冠雀（*Cephalopyrus flammiceps*）

**攀雀科**（Remizidae），**火冠雀属**（*Cephalopyrus*）

**主要特征：** 体型甚小（10厘米）的山雀。看似啄花鸟。雄鸟前额及喉中心棕色，喉侧及胸黄色，上体橄榄色，翼斑黄色。雌鸟暗黄橄榄色，下体皮黄，翼斑黄色，过眼纹色浅。亚成鸟下体白色。亚种*olivaceus*比指名亚种绿色重。虹膜—褐色；嘴—黑色；脚—灰色。叫声为高音的tsit tsit及轻柔的whitoo-whitoo声。鸣声由细而高的音律构成，甚似煤山雀。

**分布范围：** 喜马拉雅山脉、中国西南及中部，稀有候鸟至泰国北部。

**分布状况：** 指名亚种于西藏极西南部；*olivaceus*为非罕见留鸟于云南、四川、西藏东部、贵州及甘肃南部高可至海拔3000米的丘陵及山区森林和林缘。

**习　　性：** 喜群栖，在树顶层取食。

**保护级别：** LC

## 火尾希鹛（*Minla ignotincta*）

**莺科**（Sylviidae），**希鹛属**（*Minla*）

主要特征：体小（14厘米）的林栖型鹛。宽阔的白色眉纹与黑色的顶冠、颈背及宽眼纹形成对比，尾缘及初级飞羽羽缘均红。背橄榄灰色，两翼余部黑色而缘白。尾中央黑色，下体白而略沾奶色。雌鸟及幼鸟翼羽羽缘色较浅，尾缘粉红。虹膜—灰色；嘴—灰色；脚—灰色。叫声为响亮而哀婉的3～4音的叫声，重复的chik及多种高音的叽喳声。鸣声为响亮清脆的twiyi twiyuyi...声。

分布范围：尼泊尔至中国南方及东南亚北部。

分布状况：指名亚种为留鸟于西藏东南部和云南西部及西北部；*jerdoni*为留鸟于华中及华南，于海拔1800～3400米。

习　　性：群栖型，常见于山区阔叶林并加入“鸟潮”。

保护级别：LC

## 家　燕（*Hirundo rustica*）

燕科（Hirundinidae），燕属（*Hirundo*）

主要特征：中等体型（20厘米，包括尾羽延长部）的辉蓝色及白色的燕。上体钢蓝色。胸偏红而具一道蓝色胸带，腹白。尾甚长，近端处具白色点斑。与洋斑燕的区别在于腹部为较纯净的白色，尾形长，并具蓝色胸带。亚成鸟体羽色暗，尾无延长，易与洋斑燕混淆。虹膜—褐色；嘴及脚—黑色。叫声为高音的twit及嘁嘁喳喳叫声。

分布范围：几乎遍及全世界。繁殖于北半球。冬季南迁经非洲、亚洲、东南亚至澳大利亚。

分布状况：指名亚种繁殖于中国西北；*tytleri*及*mandschurica*繁殖于中国东北；*gutturalis*繁殖于中国其余地区。多数鸟冬季往南迁徙，部分鸟留在云南南部、海南岛及台湾越冬。

习　　性：在高空滑翔及盘旋，或低飞于地面或水面捕捉小昆虫。降落在枯树枝、柱子及电线上。各自寻食，但大量的鸟常取食于同一地点。有时结大群夜栖于一处。

保护级别：三有保护鸟类　LC

## 鹪　鹩（*Troglodytes troglodytes*）

**鹪鹩科**（Troglodytidae），**鹪鹩属**（*Troglodytes*）

**主要特征：** 体型小巧（10厘米）的褐色而具横纹及点斑的似鹪鹏的鸟。尾上翘，嘴细。深黄褐色的体羽具狭窄的黑色横斑及模糊的皮黄色眉纹为本种特征。各亚种有别。中国西北的亚种*tianshanicus*色最浅；喜马拉雅山脉的亚种*nipalensis*色最深。虹膜—褐色；嘴—褐色；脚—褐色。叫声为哑嗓的似责骂声chur。生硬的tic-tic-tic及强劲悦耳的鸣声包括清晰高音及颤音。

**分布范围：** 全北界的南部至非洲西北部、印度北部、缅甸东北部、喜马拉雅山脉、中国及日本。

**分布状况：** 繁殖于中国东北、西北、华北、华中、西南、台湾以及青藏高原东麓的针叶林及泥沼地。中国有7个亚种——*tianshanicus*于西北；*nipalensis*于西藏中部；*szetschuanus*于西藏东南部及东部、四川、青海西部、甘肃南部、陕西南部和湖北西部；*talifuensis*于云南；*idius*于青海东部、甘肃北部、内蒙古西部、河北、湖南及陕西；*dauricus*于东北；*taivanus*于台湾。北方鸟冬季南迁至华东及华南的沿海省份。

**习　　性：** 尾不停地轻弹而上翘。在覆盖下悄然移动，会突然跳出，发出似责骂声，之后又轻捷跳开。飞行高度低，仅振翅作短距离飞行。冬季在缝隙内紧挤而群栖。

**保护级别：** LC

## 金翅雀（*Carduelis sinica*）

**燕雀科**（Fringillidae），**金翅属**（*Carduelis*）

**主要特征：** 体小（13厘米）的黄、灰及褐色雀鸟。具宽阔的黄色翼斑。成年雄鸟顶冠及颈背灰色，背纯褐色，翼斑、外侧尾羽基部及臀黄色。雌鸟色暗，幼鸟色浅且多纵纹。与黑头金翅雀的区别在于头无深色图纹，体羽褐色较暖，尾呈叉形。虹膜—深褐；嘴—偏粉；脚—粉褐。鸣声较沙哑且有粗声kirr。叫声有特殊的啾啾飞行叫声dzi-dzi-i-dzi-i及带鼻音的dzweee声。

**分布范围：** 西伯利亚东南部、蒙古、日本、中国东部、越南。

**分布状况：** 常见。几个亚种在中国为留鸟。亚种*chabovovi*于黑龙江北部及内蒙古东部呼伦湖地区；*ussuriensis*于内蒙古东南部、黑龙江南部、辽宁及河北；指名亚种于华东及华南的大部分地区，西至青海东部、四川、云南及广西；*kawarahiba*繁殖于堪察加，越冬于日本，有迷鸟至台湾。

**习　　性：** 栖于灌丛、旷野、人工林、林园及林缘地带，高可至海拔2400米。

**保护级别：** 三有保护鸟类　LC

## 金黄鹂（*Oriolus oriolus*）

**鸦科**（Corvidae），**黄鹂属**（*Oriolus*）

主要特征：中等体型（24厘米）的黄色及黑色鹂。头金黄色。成年雄鸟眼先、翼及尾基部黑色，其余为鲜亮黄色。雌鸟较暗淡而多绿色。幼鸟偏绿色，下体具细密纵纹。虹膜—红色；嘴—红色；脚—灰色。鸣声为活泼响亮的笛音oh wheela whee。叫声似松鸦，粗哑而带鼻音kwa-kwaaek。

分布范围：繁殖于南欧至印度、蒙古北部及西伯利亚。一些鸟在非洲越冬。

分布状况：不常见至地方性常见于中国极西部。指名亚种繁殖于新疆西北部天山、特克斯及吐鲁番；*kundoo*繁殖于新疆西部从喀什南部至喀喇昆仑山脉。有记录迁徙时见于印度及西藏西南部。

习　　性：性隐蔽，栖于树林及有稀疏树木的开阔原野。繁殖期甚吵嚷。飞行呈波状起伏。喜栖于树林的上层。

保护级别：三有保护鸟类　LC

## 金色林鸲（*Tarsiger chrysaeus*）

鹟科（Muscicapidae），鸲属（*Tarsiger*）

**主要特征：** 体小（14厘米）而优雅的林鸲。雄鸟头顶及上背橄榄褐色，眉纹黄，宽黑色带由眼先过眼至脸颊，肩、背侧及腰艳丽橘黄色，翼橄榄褐色，尾橘黄，中央尾羽及其余尾羽的羽端黑色，下体全橘黄。雌鸟上体橄榄色，近黄色的眉纹模糊，眼圈皮黄，下体赭黄。虹膜—褐色；嘴—深褐，下颚黄色；脚—浅肉色。告警时发出trrr声，也发出似责骂的chirik chirik声。鸣声为纤弱的高音tse tse tse tse tse chur–r–r或tze–du–tee–tse chur–r–r。

**分布范围：** 喜马拉雅山脉、印度东北部、缅甸及中国西南。越冬于缅甸东北部、泰国北部及越南北部。

**分布状况：** 罕见。指名亚种繁殖于西藏南部及东部、四川西部、青海南部、甘肃南部、陕西南部、云南西北部。3月于云南南部西双版纳有记录。夏季见于海拔3000～4000米近林线的针叶林及杜鹃灌丛，冬季下迁至低地灌丛。

**习　　性：** 垂直性迁移的候鸟，冬季多藏匿。

**保护级别：** LC

## 酒红朱雀（*Carpodacus vinaceus*）

**燕雀科**（Fringillidae），**朱雀属**（*Carpodacus*）

主要特征：体型略小（15厘米）的深色朱雀。雄鸟全身深绯红色，腰色较浅，眉纹及三级飞羽羽端浅粉色。较其他朱雀色深；较点翅朱雀体小；较暗胸朱雀或曙红朱雀喉色深。雌鸟橄榄褐色而具深色纵纹，三级飞羽羽端浅皮黄色而有别于暗胸朱雀或赤朱雀。虹膜—褐色；嘴—角质色；脚—褐色。叫声为偏高的pwit声或高音pink。鸣声为简单的peedee, be do-do，持续2秒。

分布范围：喜马拉雅山脉、中国中部、西藏东南部及台湾。

分布状况：亚种*vinaceus*为不常见鸟，见于海拔2000～3400米的山坡竹林及灌丛；台湾亚种*formosana*见于海拔2300～2900米。

习　　性：单独或结小群活动，常近地面。可长时间静立不动。

保护级别：三有保护鸟类　LC

## 巨嘴柳莺（*Phylloscopus schwarzi*）

莺科（Sylviidae），柳莺属（*Phylloscopus*）

**主要特征：**中等体型（12.5厘米）的橄榄褐色而无斑纹的柳莺。尾较大而略分叉，嘴形厚而似山雀。眉纹前端皮黄色至眼后为奶油白色。眼纹深褐，脸侧及耳羽具散布的深色斑点。下体污白，胸部及两胁沾皮黄，尾下覆羽黄褐。背有些驼。较烟柳莺体大而壮，眉纹长而宽且多橄榄色。与棕眉柳莺的区别在于喉无细纹。虹膜—褐色；嘴—上嘴褐色，下嘴色浅；脚—黄褐。叫声为结巴的check...check声。鸣声为短促的悦耳低音渐高而以颤音结尾，tyeee-tyeee-tyee-tyee-ee-ee。

**分布范围：**繁殖于东北亚。越冬于中国南方及中南半岛。

**分布状况：**甚常见的季节性候鸟。繁殖于中国东北大、小兴安岭。迁徙时经过华东及华中。冬季鲜见于广东及香港。

**习　　性：**常隐匿并取食于地面，看似笨拙沉重。尾及两翼常神经质地抽动。

**保护级别：**三有保护鸟类　LC

## 蓝翅希鹛（*Minla cyanouroptera*）

**莺科（Sylviidae），希鹛属（*Minla*）**

主要特征：体小（15厘米）而尾长的林栖型鹛。两翼、尾及头顶蓝色。上背、两胁及腰部黄褐，喉及腹部偏白，脸颊偏灰。眉纹及眼圈白色。尾甚细长而呈方形，从下看为白色具黑色羽缘。虹膜—褐色；嘴—黑色；脚—粉红。叫声为响亮的长双音节哨音see-saw或pi-piu，不停地重复，收尾时音调升高，也发出响亮的swit声。

分布范围：喜马拉雅山脉、印度阿萨姆、东南亚及中国南方。

分布状况：亚种*wingatei*为常见的留鸟，于中国南方海拔1000～2800米的森林。

习　　性：性活泼，结小群活动于树冠的高低各层。

保护级别：LC

## 蓝额红尾鸲（*Phoenicurus frontalis*）

鹟科（Muscicapidae），红尾鸲属（*Phoenicurus*）

主要特征：中等体型（16厘米）而色彩艳丽的红尾鸲。雄雌两性的尾部均具特殊的“T”字形黑色图纹（雌鸟褐色），系由中央尾羽端部及其他尾羽端部与亮棕色形成对比而成。雄鸟头、胸、颈背及上背深蓝，额及形短的眉纹钴蓝，两翼黑褐，羽缘褐色及皮黄色，翼上无白斑，腹部、臀、背及尾上覆羽橙褐。雌鸟褐色，眼圈皮黄，与相似的雌红尾鸲的区别在于尾端深色。虹膜—褐色；嘴—黑色；脚—黑色。叫声为单音的tic声。告警时在栖处或飞行中不停地轻声重复ee-tit, ti-tit。鸣声为一连串甜润的颤音及粗喘声，似赭红尾鸲，但喘声较少。

分布范围：中国中部、青藏高原、喜马拉雅山脉。越冬于缅甸西南部及中南半岛北部。

分布状况：甚常见。繁殖于西藏南部、青海东部及南部、甘肃南部、宁夏、陕西南部（秦岭）、四川、贵州和云南的高海拔山区。冬季迁徙至繁殖地域内的较低海拔处，部分鸟往南迁移。

习　　性：一般单独活动，迁徙时结小群。从栖处猛扑昆虫。尾上下抽动而不颤动。甚不怯生。

保护级别：LC

## 蓝喉歌鸲（*Luscinia svecica*）

**鹟科**（Muscicapidae），**歌鸲属**（*Luscinia*）

**主要特征：** 雄鸟为中等体型（14厘米）的色彩艳丽的歌鸲。特征为喉部具栗色、蓝色及黑白色图纹，眉纹近白，外侧尾羽基部的棕色于飞行时可见。上体灰褐，下体白色，尾深褐。雌鸟喉白而无橘黄色及蓝色，黑色的细颊纹与由黑色点斑组成的胸带相连。与雌红喉歌鸲及黑胸歌鸲的区别在于尾部的斑纹不同。诸亚种的区别在于喉部红色点斑的大小（亚种*abbotti*最小）、蓝色的深浅（亚种 *saturatior*色深，*svecica*色浅）以及在蓝色及栗色胸带之间有无黑色带（*svecica*）。幼鸟暖褐色，具锈黄色点斑。虹膜—深褐；嘴—深褐；脚—粉褐。鸣声饱满似铃声，节奏加快，能模仿其他鸟的鸣声。有时在夜间鸣叫。告警时叫声为heet，似鹍。联络叫声为粗哑的truk声。

**分布范围：** 古北界、阿拉斯加。冬季南迁至印度、中国及东南亚。

**分布状况：** 亚种*saturatior*和*kobdensis*繁殖于中国西北；指名亚种繁殖于中国东北，越冬于中国西南、华南及华东。其他亚种迁徙时经过中国——*przevalskii*繁殖于西伯利亚，可能在内蒙古及青海也有繁殖，迁徙时经过中国中部；*abbotti*繁殖于喜马拉雅山脉西段，在西藏西部也有记录。这些亚种经过中国时甚常见于苔原带、森林、沼泽及荒漠边缘的各类灌丛。

习　　性：性惧生，常停留于近水的覆盖茂密处。多取食于地面。走似跳，不时地停下，抬头及闪尾。站势直。飞行快速，径直躲入覆盖下。

保护级别：LC

## 蓝喉太阳鸟（*Aethopyga gouldiae*）

**太阳鸟科**（Nectariniidae），**太阳鸟属**（*Aethopyga*）

主要特征：雄鸟为体型略大（14厘米）的猩红、蓝色及黄色的太阳鸟。蓝色尾有延长。与黑胸太阳鸟的区别在于色彩亮丽且胸猩红色。与火尾太阳鸟及黄腰太阳鸟的区别在于尾蓝色。指名亚种胸黄色，仅具少量的猩红色细纹。雌鸟上体橄榄色，下体黄绿色，颏及喉烟橄榄色。腰浅黄色而有别于其他种类，仅黑胸太阳鸟与其相似，但尾端的白色不清晰。虹膜—褐色；嘴—黑色；脚—褐色。叫声为快速重复的tzip声，告警的嘟声及咬舌音的squeeeee鸣声，中间音上扬。

分布范围：喜马拉雅山脉及印度阿萨姆至中国西南及中南半岛。

分布状况：夏季常见于山区常绿林，于海拔1200～4300米，冬季下迁。指名亚种于喜马拉雅山脉；*dabryii*于中国华中及西南。

习　　性：春季常取食于杜鹃灌丛，夏季常取食于悬钩子。

保护级别：三有保护鸟类　LC

## 蓝喉仙鹟（*Cyornis rubeculoides*）

**鹟科**（Muscicapidae），**蓝仙鹟属**（*Cyornis*）

主要特征：雄鸟为中等体型（18厘米）的蓝色鹟。眼先黑色，腹部白色，上胸橙红。指名亚种与山蓝仙鹟的区别在于无黑色眼罩，颏及喉蓝色，与棕腹大仙鹟及棕腹仙鹟的区别在于腹部白色。雌鸟上体灰褐，喉橙黄，眼圈皮黄。与雌山蓝仙鹟易混淆，区别在于眼先皮黄，尾多偏棕红。亚种*glaucicomans*喉中心橙红。虹膜—褐色；嘴—黑色；脚—粉红。叫声为粗哑的chek声。鸣声为甜美的高颤音ciccy ciccy ciccy ciccy see。

分布范围：印度至中国西南及东南亚。

分布状况：亚种*glaucicomans*为不常见的夏季繁殖鸟，见于华中及西南；指名亚种繁殖于西藏东南部，高可至海拔2000米。香港及河北北戴河有迷鸟记录。

习　　性：喜开阔森林，从近地面处捕食。

保护级别：LC

## 蓝矶鸫（*Monticola solitarius*）

**鹟科**（Muscicapidae），**矶鸫属**（*Monticola*）

**主要特征：**中等体型（23厘米）的青石灰色矶鸫。雄鸟暗蓝灰色，具浅黑及近白色的鳞状斑纹。腹部及尾下深栗色，亚种*pandoo*为蓝色。与雄栗腹矶鸫的区别在于无黑色脸罩，上体蓝色较暗。雌鸟上体灰色沾蓝色，下体皮黄而密布黑色鳞状斑纹。亚成鸟似雌鸟，但上体具黑白色鳞状斑纹。虹膜—褐色；嘴—黑色；脚—黑色。叫声为恬静的呱呱叫声及粗喘的高叫声。鸣声为短促而甜美的笛音。

**分布范围：**分布广泛，为留鸟及候鸟，见于欧亚大陆、中国及东南亚。

**分布状况：**一般常见，尤其在中国东部。亚种*longirostris*繁殖于西藏西南部；*pandoo*分布于新疆西北部、西藏南部、四川、甘肃南部、宁夏、陕西南部、云南、贵州及长江以南地区，迷鸟于台湾及海南岛；*philippensis*繁殖于东北至山东、河北及河南，迁徙时经过中国南方大多数地区。

**习　　性：**常栖于突出位置，如岩石、房屋柱子及死树，冲向地面捕捉昆虫。

**保护级别：**LC

## 理氏鹨（*Anthus richardi*）

麻雀科（Passeridae），鹨属（*Anthus*）

主要特征：体大（18厘米）而腿长的褐色且具纵纹的鹨。栖于开阔草地。上体多具褐色纵纹，眉纹浅皮黄色。下体皮黄，胸部具深色纵纹。虹膜—褐色；嘴—上嘴褐色，下嘴带黄；脚—黄褐，后爪明显肉色。飞行或受惊时发出哑而高的长音shree-ep，也发出吱吱叫声。鸣声在螺旋飞行时发出，为清脆而单调的chee-chee-chee-chee-chia-chia-chia，最后三个音下降。

分布范围：中亚、印度、中国、蒙古及西伯利亚和东南亚。

分布状况：常见的季节性候鸟，高可至海拔1500米。指名亚种繁殖于青海东部的阿尔泰山及新疆的塔尔巴哈台山，冬季南迁；*centralasie*繁殖于青海东部及甘肃北部至新疆西部天山，冬季南迁；*sinensis*（包括*ussuriensis*）繁殖于华北、东北、华东、华中、华南及西北，部分鸟为候鸟。

习　　性：喜开阔沿海或山区草甸、火烧过的草地及放干了水的稻田。单独或结小群活动。站在地面时姿势甚直。飞行呈波状起伏，每次跌飞均发出叫声。

保护级别：LC

## 栗背岩鹨（*Prunella immaculata*）

**麻雀科**（Passeridae），**岩鹨属**（*Prunella*）

主要特征：体小（14厘米）的灰色无纵纹的岩鹨。臀栗褐，下背及次级飞羽绛紫色。额苍白，由近白色的羽缘形成扇贝形纹所致。虹膜—白色；嘴—角质色；脚—暗橘黄色。叫声有微弱音、高音及金属音zieh-dzit。鸣声无记录。

分布范围：喜马拉雅山脉东部，缅甸北部，中国北部、中部和青藏高原南部。

分布状况：通常罕见。繁殖于西藏东南部、青海南部、甘肃南部、四川北部及西部。越冬于云南北部及西部。

习　　性：栖于海拔2000 ~ 4000米针叶林的潮湿林下植被。冬季栖于较开阔的灌丛。

保护级别：LC

## 栗腹矶鸫（*Monticola rufiventris*）

**鹟科**（Muscicapidae），**矶鸫属**（*Monticola*）

主要特征：体大（24厘米）而雄雌异色的矶鸫。繁殖期雄鸟脸具黑色斑纹。上体蓝色，尾、喉及下体余部鲜艳栗色。与红腹的蓝矶鸫亚种的区别在于具黑色脸罩及额部为亮丽蓝色而带光泽。体色似某些仙鹟，但头形似鸫且颈及肩部少闪光蓝色。雌鸟褐色，上体具近黑色的扇贝形斑纹，下体满布深褐及皮黄色扇贝形斑纹。与其他雌性矶鸫的区别在于深色耳羽后具偏白的皮黄色月牙形斑，皮黄色的眼圈较宽。幼鸟具赭黄色点斑及褐色的扇贝形斑纹。虹膜—深褐；嘴—黑色；脚—黑褐。联络叫声为quock。告警叫声似松鸦的喘息叫声chhrrs，间杂以尖而高的tick声。常于树顶发出悦耳的颤鸣声teetatewleedee twet tew及其变音。

分布范围：巴基斯坦西部至中国南部及中南半岛北部。

分布状况：甚常见于西藏南部及东南部、四川、湖北西部、福建、云南、贵州、广西和广东等地的中等海拔地带。繁殖于海拔1000～3000米的森林。越冬于低海拔开阔而多岩的山坡林地。

习　　性：直立而栖，尾缓慢地上下弹动。有时面对树枝，尾上举。

保护级别：LC

## 领岩鹨（*Prunella collaris*）

**麻雀科**（Passeridae），**岩鹨属**（*Prunella*）

主要特征：体大（17厘米）的褐色具纵纹的岩鹨。黑色大覆羽羽端的白色形成对比强烈的两道点状翼斑。头及下体中央部位烟褐色，两胁深栗色而具纵纹，尾下覆羽黑色而羽缘白色，喉白而具由黑点形成的横斑。初级飞羽褐色，且与棕色羽缘形成对比的翼缘。尾深褐而端白。亚成鸟下体灰褐而具黑色纵纹。虹膜—深褐；嘴—近黑，下嘴基部黄色；脚—红褐。叫声为响亮的卷舌音吱叫或chu-chu-chu声。告警时发出尖声的tchurrt。鸣声清晰悦耳并具颤音及一些刺耳音。

分布范围：古北界，喜马拉雅山脉，中国北部、西部及台湾岛。

分布状况：常见于中国东北及中北部、喜马拉雅山脉及青藏高原林线以上的高山草甸灌丛及裸岩地区。在中国东北繁殖的鸟冬季迁徙至东部省份。

习　　性：一般单独或成对活动，极少成群。常坐立于突出岩石上。飞行快速流畅，波状起伏后扎入覆盖中。甚不惧人。

保护级别：LC

## 绿背山雀（*Parus monticolus*）

**山雀科**（Paridae），**山雀属**（*Parus*）

**主要特征：** 体型略大（13厘米）的山雀。似腹部黄色的大山雀亚种，区别在于上背绿色且具两道白色翼纹。在中国其分布仅与白腹的大山雀亚种有重叠。亚种*yunnanensis*较指名亚种上体绿色更为鲜亮。虹膜—褐色；嘴—黑色；脚—青石灰色。叫声似大山雀，但声音响而尖且更清亮。

**分布范围：** 巴基斯坦、喜马拉雅山脉至中国南方、老挝中部、越南及缅甸。

**分布状况：** 常见于中国中部、西南（*yunnanensis*、*monticolus*）和台湾（*insperatus*）海拔1100～4000米的山区森林及林缘。

**习　　性：** 似大山雀。冬季结成群。

**保护级别：** 三有保护鸟类　LC

## 绿翅短脚鹎（*Hypsipetes mcclellandii*）

**鹎科**（Pycnonotidae）**，短脚鹎属**（*Hypsipetes*）

主要特征：体大（24厘米）而喜喧闹的橄榄色鹎。羽冠短而尖，颈背及上胸棕色，喉偏白而具纵纹。头顶深褐色而具偏白色细纹。背、两翼及尾偏绿。腹部及臀部偏白。虹膜—褐色；嘴—近黑；脚—粉红。鸣声为单调的三音节嘶叫声或上扬的三音节叫声。也发出多种咪叫声。

分布范围：喜马拉雅山脉至中国南方及东南亚。

分布状况：常见的群栖型或成对活动的鸟，分布于海拔1000～2700米的山区森林及灌丛。指名亚种为留鸟于西藏东南部；*similis*于云南及海南岛；*holtii*于华南及华东的大部分地区。

习　　性：以小型果实及昆虫为食，有时结大群。大胆围攻猛禽及杜鹃类。

保护级别：LC

## 矛纹草鹛（*Babax lanceolatus*）

莺科（Sylviidae），草鹛属（*Babax*）

**主要特征：** 体型略大（26厘米）而多具纵纹的鹛。看似纵纹密布的灰褐色噪鹛，甚长的尾上具狭窄的横斑，嘴略下弯，具特征性的深色髭纹。虹膜—黄色；嘴—黑色；脚—粉褐。叫声为响亮而偏高的嗷叫声ou-phee-ou-phee，重复多次。

**分布范围：** 印度东北部、缅甸西部及北部、中国。

**分布状况：** 一般常见性留鸟。指名亚种为留鸟于华中及西南；*latouchei*于华东及华南；*bonvaloti*于四川北部及西部、西藏东部及云南西北部。在香港的鸟群可能是出逃的笼鸟。

**习　　性：** 甚吵嚷，栖于开阔的山区森林及丘陵森林的灌丛、棘丛及林下植被。结小群于地面活动和取食。性甚隐蔽，但栖于突出处鸣叫。

**保护级别：** 三有保护鸟类　LC

## 牛头伯劳（*Lanius bucephalus*）

**伯劳科**（Laniidae），**伯劳属**（*Lanius*）

主要特征：中等体型（19厘米）的褐色伯劳。头顶褐色，尾端白色。飞行时初级飞羽基部的白色块斑明显。雄鸟过眼纹黑色，眉纹白色，背灰褐。下体偏白而略具黑色横斑（亚种*sicarius*横斑较重），两胁沾棕色。雌鸟褐色较重，与雌红尾伯劳的区别在于具棕褐色耳羽，夏季色较浅而较少赤褐色。虹膜—深褐；嘴—灰色，端黑；脚—铅灰。叫声粗哑似喘息声，似沼泽大尾莺，也发出吱吱的ju ju ju或gi gi gi声及模仿其他鸟的叫声。

分布范围：东北亚、中国东部。

分布状况：甚常见的留鸟。指名亚种繁殖于中国东北自黑龙江南部至辽宁、河北及山东，冬季南迁至华南及华东；山区亚种*sicarius*仅见于甘肃的极南部。迷鸟在台湾。

习　　性：喜次生植被及耕地。

保护级别：三有保护鸟类　LC

## 普通䴓（*Sitta europaea*）

䴓科（Sittidae），䴓属（*Sitta*）

主要特征：中等体型（13厘米）而色彩优雅的䴓。上体蓝灰，过眼纹黑色，喉白，腹部浅皮黄色，两胁深栗色。诸亚种细节上有别：*asiatica*下体白；*amurensis*具狭窄的白色眉纹，下体浅皮黄；*sinensis*整个下体粉皮黄。虹膜—深褐；嘴—黑色，下颚基部带粉色；脚—深灰。发出响而尖的seet seet叫声，似责骂声twet-twet twet及悦耳笛音的鸣声。

分布范围：古北界。

分布状况：甚常见于中国大部分地区的落叶林区。亚种*scorsa*为中国西北的留鸟；*asiatica*于中国东北的大兴安岭；*amurensis*于中国东北的其余地区；*sinensis*于中国华东、华中及华南。

习　　性：在树干的缝隙及树洞中啄食橡树籽及坚果。飞行呈波状起伏。偶尔于地面取食。成对或结小群活动。

保护级别：LC

## 普通朱雀（*Carpodacus erythrinus*）

**燕雀科**（Fringillidae），**朱雀属**（*Carpodacus*）

主要特征：体型略小（15厘米）而头红的朱雀。上体灰褐，腹白。繁殖期雄鸟头、胸、腰及翼斑多具鲜亮红色，随亚种而程度不同：*roseatus*几乎全红；*grebnitskii*下体浅粉红。雌鸟无粉红，上体青灰褐色，下体近白。幼鸟似雌鸟，但褐色较重且有纵纹。雄鸟与其他朱雀的区别在于红色鲜亮。无眉纹，腹白，脸颊及耳羽色深而有别于多数相似种类。雌鸟色暗淡。虹膜—深褐；嘴—灰色；脚—近黑。鸣声为单调重复的缓慢上升哨音weeja-wu-weeeja或其变调。叫声为有特色的清晰上扬哨音ooeet。告警叫声为chay-eeee。

分布范围：繁殖于欧亚区北部及中亚的高山、喜马拉雅山脉、中国西部及西北部。越冬南迁至印度、中南半岛北部及中国南方。

分布状况：常见的留鸟及候鸟，见于海拔2000～2700米，但在中国东北海拔较低，而在青藏高原则海拔较高。亚种*roseatus*广泛分布于新疆西北部及西部，整个青藏高原及其东部外缘至宁夏、湖北及云南北部，越冬于中国西南的热带山地；*grebnitskii*繁殖于中国东北的呼伦湖及大兴安岭，迁徙经中国东部至沿海省份及南方低地越冬。

习　　性：栖于亚高山林带，但多在林间空地、灌丛及溪流旁。单独、成对或结小群活动。飞行呈波状起伏。不如其他朱雀隐秘。

保护级别：三有保护鸟类　LC

## 鸲岩鹨（*Prunella rubeculoides*）

**麻雀科（Passeridae），岩鹨属（*Prunella*）**

**主要特征：** 中等体型（16厘米）的偏灰色岩鹨。胸栗褐，头、喉、上体、两翼及尾烟褐，上背具模糊的黑色纵纹。翼覆羽有狭窄的白缘，翼羽羽缘褐色。灰色的喉与栗褐色的胸之间有狭窄的黑色领环。下体余部白色。虹膜—红褐；嘴—近黑；脚—暗红褐。叫声为颤音。告警时发出尖声的zieh-zieh。鸣声为简单而甜美的颤鸣si-ti-si-tsi, tsutsitsi或tzwe-e-you, tzwe-e-you。

**分布范围：** 喜马拉雅山脉、中国中部及青藏高原南部。

**分布状况：** 不常见的留鸟，见于青海北部及东部、甘肃、四川西部及西藏南部海拔3600～4900米的草甸及杜鹃丛和柳树灌丛。

**习　　性：** 具有本属的典型特性。温驯而不惧生。

**保护级别：** LC

## 鹊　鸲（*Copsychus saularis*）

**鹟科**（Muscicapidae），**鹊鸲属**（*Copsychus*）

**主要特征：** 中等体型（20厘米）的黑白色鸲。雄鸟头、胸及背闪辉蓝黑色，两翼及中央尾羽黑色，外侧尾羽及覆羽上的条纹白色，腹及臀部亦白。雌鸟似雄鸟，但暗灰色取代黑色。亚成鸟似雌鸟，但为杂斑。虹膜—褐色；嘴及脚—黑色。叫声为哀婉的swee swee声及粗哑的chrrr声。有多种活泼的鸣声，能模仿其他鸟的叫声，但缺少白腰鹊鸲那种浓郁的音调。

**分布范围：** 印度、中国南方及东南亚。

**分布状况：** 常见于低海拔地带，高可至海拔1700米。亚种*prosthopellus*为留鸟于中国北纬33° 以南的多数地区；*erimelas*于西藏东南部及云南西部。部分地区罕见的原因在于常被捉作笼鸟。

**习　　性：** 常光顾花园、村庄、次生林、开阔森林及红树林。飞行时易见，栖于显著处鸣唱或炫耀。取食多在地面，不停地把尾放低展开，又骤然合拢伸直。

**保护级别：** 三有保护鸟类　LC

## 山鹪莺（*Prinia criniger*）

**扇尾莺科**（Cisticolidae），**鹪莺属**（*Prinia*）

主要特征：体型略大（16.5厘米）而具深褐色纵纹的鹪莺。具形长的凸形尾。上体灰褐色并具黑色及深褐色纵纹。下体偏白，两胁、胸及尾下覆羽沾茶黄，胸部黑色纵纹明显。非繁殖期褐色较重，胸部黑色较少，顶冠具皮黄色和黑色细纹。与非繁殖期的褐山鹪莺相似，但胸侧无黑色点斑。亚种*catharia*较指名亚种褐色为重且多纵纹；*parvirostris*色深，下体灰色较重；*parumstriata*多灰色并具褐色点斑，额具细纹，下体显白；*striata*色浅而灰色较重。虹膜—浅褐；嘴—黑色（冬季褐色）；脚—偏粉。鸣声为一连串单调的二、三或四声刺耳喘息声，似锯片被磨刀石打磨的声音。叫声为偏高的tchack tchack声。

分布范围：阿富汗至印度北部、缅甸及中国南方。

分布状况：常见种，高可至海拔3100米。指名亚种为西藏东南部的留鸟；*catharia*于西南；*parvirostris*于云南东南部；*parumstriata*于华南及华东；*striata*于台湾。

习　　性：多栖于高草及灌丛，常在耕地活动。雄鸟于突出处发出叫声。飞行振翼显无力。

保护级别：LC

## 山　鹨（*Anthus sylvanus*）

**麻雀科（Passeridae），鹨属（*Anthus*）**

主要特征：体大（17厘米）的深棕黄色而具褐色纵纹的鹨。眉纹白。似理氏鹨及田鹨，但褐色较重，下体纵纹范围较大，嘴较短而粗，后爪较短且叫声不同。尾羽窄而尖，小翼羽浅黄色。虹膜—褐色；嘴—偏粉；脚—偏粉。于地面发出似麻雀的高音叫声zip zip zip。鸣声为悠远的weeeee tch weeeee tch，更似鹀而不似鹨。

分布范围：俾路支斯坦、喜马拉雅山脉至中国南方。

分布状况：不常见于四川、云南及长江以南大部分多草并有矮树的丘陵地带。

习　　性：单独或成对活动。尾极力弹动而非摆动。

保护级别：三有保护鸟类　LC

## 山麻雀（*Passer rutilans*）

**麻雀科**（Passeridae），**麻雀属**（*Passer*）

主要特征：中等体型（14厘米）的色彩艳丽的麻雀。雄雌异色。雄鸟顶冠及上体为鲜艳的黄褐色或栗色，上背具纯黑色纵纹，喉黑，脸颊污白。雌鸟色较暗，具深色的宽眼纹及奶油色的长眉纹。亚种*cinnamoneus*雄鸟头侧及下体沾黄色。*batangensis*及*intensior*均似*cinnamoneus*，但黄色较淡。虹膜—褐色；嘴—雄鸟灰色，雌鸟黄色而端色深；脚—粉褐。叫声包括cheep声，快速的chit-chit-chit声或重复的鸣声cheep-chirrup-cheweep。

分布范围：喜马拉雅山脉、中国西藏高原东部及华中、华南和华东。

分布状况：常见种。亚种*cinnamoneus*于西藏东部及东南部至青海南部；*intensior*于西藏东南部及四川西北部；*batangensis*于四川南部巴塘地区西部及云南西部；指名亚种于华中、华南及华东的大部分地区。

习　　性：结群栖于高地的开阔林、林地或近耕地的灌木丛。栖于家麻雀不出现的城镇及村庄。

保护级别：三有保护鸟类　LC

## 山　鹛（*Rhopophilus pekinensis*）

**扇尾莺科**（Cisticolidae），**山鹛属**（*Rhopophilus*）

**主要特征：**体大（17厘米）而尾长的具褐色纵纹的莺。眉纹偏灰，髭纹近黑。似体型敦实的鹪莺。上体烟褐色而密布近黑色纵纹。外侧尾羽羽缘白色。颏、喉及胸白色。下体余部白色，两胁及腹部具醒目的栗色纵纹，有时沾黄褐。西部的亚种 *albosuperciliaris*色甚浅，眉纹白，上体烟灰而具褐色纵纹，下体白，两胁及腹部略具黄褐色纵纹，尾下皮黄。*leptorhynchus*为过渡色型，嘴细长而甚下弯。虹膜—褐色；嘴—角质色；脚—黄褐。叫声为圆润的chee-anh对应叫声。鸣声据称为甜润持久的dear dear dear声，开始时音高，很快下降，又开始叫第二遍。

**分布范围：**中国北部及西部。

**分布状况：**通常罕见于干旱多石并多矮树丛的丘陵地带及山地灌丛。亚种*pekinensis*分布于辽宁南部至宁夏贺兰山的黄河河谷地；*leptorhynchus*于陕西南部的秦岭至甘肃南部；*albosuperciliaris*于青海及内蒙古西部至新疆西部的喀什地区。

**习　　性：**栖于灌丛及芦苇丛。于隐蔽处作快速飞行，善于在地面奔跑。不惧生。非繁殖期结群活动，有时与鹛类混群。

**保护级别：**三有保护鸟类　LC

## 树　鹨（*Anthus hodgsoni*）

**麻雀科（Passeridae），鹨属（*Anthus*）**

主要特征：中等体型（15厘米）的橄榄色鹨。具粗显的白色眉纹。与其他鹨的区别在于上体纵纹较少，喉及两胁皮黄，胸及两胁黑色纵纹浓密。亚种*yunnanensis*上背及腹部较指名亚种纵纹稀疏。虹膜—褐色；嘴—下嘴偏粉，上嘴角质色；脚—粉红。飞行时发出细而哑的tseez叫声，在地面或树上休息时重复单音的短句tsi...tsi...。鸣声较林鹨音高且快，带似鹪鹩的生硬颤音。

分布范围：繁殖于喜马拉雅山脉及东亚。冬季迁徙至印度及东南亚。

分布状况：常见于开阔林区，高可至海拔4000米。指名亚种繁殖于中国东北及喜马拉雅山脉，越冬于中国华东、华中及华南；*yunnanensis*繁殖于陕西南部至云南及西藏南部，越冬于中国南方。

习　　性：比其他的鹨更喜有林的栖息生境，受惊扰时降落于树上。

保护级别：三有保护鸟类　LC

## 树麻雀（*Passer montanus*）

**麻雀科**（Passeridae），**麻雀属**（*Passer*）

主要特征：体型略小（14厘米）的矮圆而活跃的麻雀。顶冠及颈背褐色，雄雌同色。成鸟上体近褐色，下体皮黄灰色，颈背具完整的灰白色领环。与家麻雀及山麻雀的区别在于脸颊具明显黑色点斑且喉部黑色较少。幼鸟似成鸟，但色较暗淡，嘴基部黄色。虹膜—深褐；嘴—黑色；脚—粉褐。叫声为生硬的cheep cheep或金属音的 tzooit声，飞行时也发出tet tet tet的叫声。鸣声为重复的一连串叫声，间杂以tsveet声。

分布范围：欧洲、中东、中亚和东亚、喜马拉雅山脉及东南亚。

分布状况：常见于中国各地，高可至中等海拔地带。中国有7个地理亚种——*montanus*于东北；*saturatus*于华东、华中及华南；*dilutus*于西北；*tibetanus*于青藏高原；*kansuensis*于甘肃及内蒙古中部；*hepaticus*于西藏东南部；*molaccensis*于西南及海南岛的热带地区。

习　　性：栖于有稀疏树木的地区、村庄及农田并危害农作物。在中国东部替代家麻雀，作为城镇中的麻雀。

保护级别：三有保护鸟类　LC

## 双斑绿柳莺（*Phylloscopus plumbeitarsus*）

**莺科**（Sylviidae），**柳莺属**（*Phylloscopus*）

**主要特征：** 中等体型（12厘米）的深绿色柳莺。具明显的白色长眉纹而无顶纹，腿色深，具两道翼斑，下体白而腰绿。与暗绿柳莺的区别在于大翼斑较宽、较明显并具黄白色小翼斑，上体色较深且绿色较重，下体更白。有时头及颈略沾黄色。较极北柳莺体小而圆。与黄眉柳莺的区别在于嘴较长且下嘴基部粉红，三级飞羽无浅色羽端。虹膜—褐色；嘴—上嘴色深，下嘴粉红；脚—蓝灰。叫声为响亮而特别的干涩似麻雀的三音节平调chi-wi-ri声。鸣声似暗绿柳莺。

**分布范围：** 繁殖于东北亚及中国东北。越冬于中南半岛。

**分布状况：** 常见。繁殖于中国东北。迁徙经中国大部分地区至海南岛越冬。

**习　　性：** 繁殖于针落叶混交林、白桦及白杨树丛，高可至海拔4000米。越冬于次生灌丛及竹林，高可至海拔1000米。

**保护级别：** 三有保护鸟类　LC

## 水　鹨（*Anthus spinoletta*）

**麻雀科**（Passeridae），**鹨属**（*Anthus*）

**主要特征：** 中等体型（15厘米）的偏灰色而具纵纹的鹨。眉纹显著。繁殖期下体粉红而几无纵纹，眉纹粉红。非繁殖期粉皮黄色的粗眉纹明显，背灰而具黑色粗纵纹，胸部及两胁具浓密的黑色点斑或纵纹。柠檬黄色的小翼羽为本种特征。虹膜—褐色；嘴—灰色；脚—偏粉。叫声为柔弱的seep-seep声。炫耀飞行时鸣声为tit-tit-tit-tit-tit teedle teedle。

**分布范围：** 喜马拉雅山脉、中国。越冬于印度北部的平原地带。

**分布状况：** 繁殖于新疆西部的青藏高原边缘，东至山西及河北，南至四川及湖北。南迁越冬于西藏东南部、云南。有迷鸟至海南岛。甚常见于海拔2700～4400米的高山草甸及多草的高原。越冬下迁至稻田。

**习　　性：** 通常藏隐于近溪流处。比多数鹨姿势平。

**保护级别：** 三有保护鸟类　LC

## 丝光椋鸟（*Sturnus sericeus*）

**椋鸟科**（Sturnidae），**椋鸟属**（*Sturnus*）

**主要特征：** 体型略大（24厘米）的灰色及黑白色椋鸟。嘴红色，两翼及尾辉黑，飞行时初级飞羽的白斑明显，头具近白色丝状羽，上体余部灰色。虹膜—黑色；嘴—红色，端黑；脚—暗橘黄。叫声尚无记录。

**分布范围：** 中国、越南、菲律宾。

**分布状况：** 留鸟于中国东南的大部分地区，包括台湾及海南岛。冬季分散至越南北部及菲律宾。于农田及果园并不罕见，高可至海拔800米。

**习　　性：** 迁徙时结大群。

**保护级别：** 三有保护鸟类　LC

## 四川柳莺（*Phylloscopus sichuanensis*）

**莺科**（Sylviidae），**柳莺属**（*Phylloscopus*）

**主要特征：**体小（10厘米）的偏绿色柳莺。腰色浅，眉纹长而白，顶纹略浅，具两道白色翼斑（第二道甚浅），三级飞羽羽缘及羽端均色浅。甚似淡黄腰柳莺，区别在于体型较大而形长，头略大但不圆，顶冠两侧色较浅且顶纹较模糊，有时仅在头背后呈一浅色点，大覆羽中央色较浅，下嘴色也较浅，耳羽上无浅色点斑。虹膜—褐色；嘴—上嘴色深，下嘴色浅；脚—褐色。鸣声为单调干涩的tsiridi–tsiridi–tsiridi–tsiridi–tsiridi–tsiridi–tsiridi–tsiridi，持续1分多钟，声似山鹪莺。与其他柳莺的鸣声不同，且在树顶上鸣唱。叫声不规则，为成串的响亮清晰似责骂的哨音tueet–tueet–tueet tueet tueet tueet。在巢时发出轻柔的trr声。

**分布范围：**中国中部及东部的特有种。越冬于泰国西北部、老挝北部、缅甸中部。

**分布状况：**现状不够确切。分布显得广泛，繁殖于青海东部及四川至东北。许多黄腰柳莺及淡黄腰柳莺的记录可能事实上为本种。越冬区域不详，但在香港曾捕获1只。

**习　　性：**具有本属的典型特性。栖于低地落叶次生林，极少超过海拔2600米。

**保护级别：**三有保护鸟类　LC

## 松　鸦（*Garrulus glandarius*）

鸦科（Corvidae），松鸦属（*Garrulus*）

主要特征：体大（35厘米）的偏粉色鸦。特征为翼上具黑色及蓝色镶嵌图案，腰白。髭纹黑色，两翼黑色且具白色块斑。飞行时两翼显得宽圆。飞行沉重，振翼无规律。虹膜—浅褐；嘴—灰色；脚—肉棕色。叫声为粗哑短促的ksher声或哀怨的咪咪叫声。

分布范围：欧洲、西北非、喜马拉雅山脉、中东至日本、东南亚。

分布状况：分布广泛并甚常见于中国华北、华中及华东的多数地区。许多亚种在中国有分布——*brandtii*于阿尔泰山及中国东北的腹地；*bambergi*于中国东北的西部及东部地区；*pekingensis*于河北地区；*kansuensis*于青海（扎多）及甘肃西部；*interstinctus*于西藏东南部；*leucotis*于云南南部；*sinensis*于华中、华东及华南的多数地区；*taivanus*于海南岛。

习　　性：性喧闹，喜落叶林地及森林。以果实、鸟卵、尸体及橡树子为食。主动围攻猛禽。

保护级别：LC

## 田 鹨（*Anthus rufulus*）

**麻雀科（Passeridae），鹨属（*Anthus*）**

主要特征：体大（16厘米）而站势高的鹨。似迁徙中的理氏鹨，但体较小而尾短，腿及后爪较短，嘴也较小。虹膜—褐色；嘴—粉红褐；脚—粉红。起伏飞行时重复发出chew-ii chew-ii或chip-chip-chip声及细弱的啾啾叫声chup-chup。

分布范围：印度至东南亚及中国西南。

分布状况：常见于四川南部及云南。越冬于广西及广东。

习　　性：见于稻田及短草地。于地面急速奔跑，进食时尾摇动。

保护级别：三有保护鸟类　LC

## 铜蓝鹟（*Eumyias thalassina*）

鹟科（Muscicapidae），鹟属（*Eumyias*）

**主要特征：** 体型略大（17厘米）、全身蓝绿色的鹟。雄鸟眼先黑色；雌鸟色暗，眼先暗黑。雄雌两性尾下覆羽均具偏白色鳞状斑纹。亚成鸟灰褐色沾绿色，具皮黄及近黑色的鳞状纹及点斑。与雄纯蓝仙鹟的区别在于嘴较短，绿色较重，蓝灰色的臀具偏白色的鳞状斑纹。虹膜—褐色；嘴—黑色；脚—近黑。叫声为tze-ju-jui声。鸣声为急促而持久的高音，音调无变化或逐渐下降，较纯蓝仙鹟少低哑声。

**分布范围：** 印度至中国南方及东南亚。

**分布状况：** 繁殖于华中、华南及西南。部分鸟在中国东南部越冬。不常见于高可至海拔3000米的松林及开阔森林。在较低处越冬。

**习　　性：** 喜开阔森林或林缘空地，于裸露栖处捕食过往昆虫。

**保护级别：** LC

## 纹喉凤鹛（*Yuhina gularis*）

**莺科**（Sylviidae），**凤鹛属**（*Yuhina*）

主要特征：体型略大（15厘米）的暗褐色凤鹛。羽冠突显，偏粉的皮黄色喉上有黑色细纹，翼黑而带橙棕色细纹。下体余部暗棕黄色。峨眉山的亚种色较浅，羽冠棕色。虹膜—褐色；嘴—上嘴色深，下嘴偏红；脚—橘黄。叫声为清晰而带鼻音的下滑咪叫queee。群鸟不停地发出嘁喳叫声。

分布范围：喜马拉雅山脉、印度阿萨姆至中国西南。

分布状况：常见于海拔1100～3050米，冬季地方性地下迁至海拔850米的山区阔叶林。指名亚种为留鸟于西藏南部及东南部、云南西部及南部；*omeiensis*于云南西北部至四川西南部（峨眉山）。

习　　性：群鸟与其他种类混合于“鸟潮”，在开花的树顶上忙碌活动。

保护级别：LC

## 乌　鸫（*Turdus merula*）

**鹟科（Muscicapidae），鸫属（*Turdus*）**

主要特征：体型略大（29厘米）的全深色鸫。雄鸟全黑色，嘴橘黄，眼圈略浅，脚黑。雌鸟上体黑褐，下体深褐，嘴暗绿黄至黑色。与灰翅鸫的区别在于翼全深色。虹膜—褐色；嘴—雄鸟黄色，雌鸟黑色；脚—褐色。鸣声甜美，但不如欧洲亚种悦耳，告警时发出的嘟叫声也大致相仿。飞行时发出dzeeb的叫声。

分布范围：欧亚大陆、北非、印度至中国。越冬于中南半岛。

分布状况：常见于中国大部分林地、公园及园林，高可至海拔4000米。亚种*maximus*为西藏南部及东南部的留鸟；*sowerbyi*于四川中部；*intermedia*于西北（天山、喀什、罗布泊及柴达木盆地）；*mandarinus*为留鸟于华中、华东、华南及西南，部分鸟在海南岛越冬。

习　　性：于地面取食，静静地在树叶中翻找无脊椎动物，冬季也吃果实及浆果。

保护级别：LC

## 喜　鹊（*Pica pica*）

鸦科（Corvidae），喜鹊属（*Pica*）

**主要特征：** 体型略大（45厘米）的鹊。具黑色的长尾，两翼及尾黑色并具蓝色辉光。虹膜—褐色；嘴—黑色；脚—黑色。叫声为响亮粗哑的嘎嘎声。

**分布范围：** 欧亚大陆、北非、加拿大西部及美国加利福尼亚州西部。

**分布状况：** 此鸟在中国分布广泛且常见，被认为能带来好运气而通常免遭捕杀。亚种*bactriana*分布于新疆北部和西部以及西藏西北部；*bottanensis*于西藏南部、东南部及东部至四川西部和青海；*leucoptera*于内蒙古东北部呼伦湖地区；*sericea*于中国其他地区，包括台湾及海南岛。

**习　　性：** 适应性强，中国北方的农田或香港的摩天大厦均可为家。多从地面取食，几乎什么都吃。结小群活动。巢用拱圆形树棍胡乱堆搭，经年不变。

**保护级别：** 三有保护鸟类　LC

## 小灰山椒鸟（*Pericrocotus cantonensis*）

**鸦科（Corvidae），山椒鸟属（*Pericrocotus*）**

**主要特征：**体小（18厘米）的黑、灰及白色山椒鸟。前额明显白色，与灰山椒鸟的区别在于腰及尾上覆羽浅皮黄色，颈背灰色较重，通常具醒目的白色翼斑。雌鸟似雄鸟，但褐色较重，有时无白色翼斑。虹膜—褐色；嘴—黑色；脚—黑色。颤音似灰山椒鸟。

**分布范围：**繁殖于中国华中、华南及华东。越冬于东南亚。

**分布状况：**地方性常见留鸟，见于华中、华东及华南。迁徙时经过华东及华南。

**习　　性：**冬季结成较大群。栖于高可至海拔1500米的落叶林及常绿林。

**保护级别：**三有保护鸟类　LC

## 小太平鸟（*Bombycilla japonica*）

**太平鸟科**（Bombycillidae），**太平鸟属**（*Bombycilla*）

主要特征：体型略小（16厘米）的太平鸟。尾端绯红色显著。与其他太平鸟的区别在于黑色的过眼纹绕过羽冠延伸至头后，臀绯红。次级飞羽端部无蜡样附着，但羽尖绯红。缺少黄色翼带。虹膜—褐色；嘴—近黑；脚—褐色。群鸟发出音高的咬舌音。

分布范围：西伯利亚东部及中国东北。越冬于日本及琉球群岛。

分布状况：不定期繁殖鸟，见于黑龙江的小兴安岭。越冬鸟有时至湖北及山东。极少数在福建、台湾及华中有记录。

习　　性：结群在果树及灌丛间活动。

保护级别：三有保护鸟类　NT

## 小　鹀（*Emberiza pusilla*）

**燕雀科**（Fringillidae），**鹀属**（*Emberiza*）

主要特征：体小（13厘米）而具纵纹的鹀。头具条纹，雄雌同色。繁殖期成鸟头具黑色和栗色条纹，眼圈色浅。冬季雄雌两性耳羽及顶冠纹暗栗色，颊纹及耳羽边缘灰黑色，眉纹及第二道下颊纹暗皮黄褐色。上体褐色而带深色纵纹，下体偏白，胸部及两胁有黑色纵纹。虹膜—深红褐；嘴—灰色；脚—红褐。叫声为音高而轻的pwick或tip tip声，也发出tsew声。

分布范围：繁殖于欧洲极北部及亚洲北部。冬季南迁至印度东北部、中国及东南亚。

分布状况：迁徙时常见于中国东北。越冬于新疆极西部、华中、华东和华南的大部分地区。

习　　性：常与鹨类混群。藏隐于浓密覆盖下和芦苇地。

保护级别：三有保护鸟类　LC

## 小燕尾（*Enicurus scouleri*）

**鹟科**（Muscicapidae），**燕尾属**（*Enicurus*）

主要特征：体小（13厘米）的黑白色燕尾。尾短，与黑背燕尾色彩相似，但尾短而叉浅。其头顶白色，翼上白色条带延伸至下部且尾开叉而易与雌红尾水鸲相区别。虹膜—褐色；嘴—黑色；脚—粉白。叫声为短促的高哨音，不如其他燕尾响亮。

分布范围：土耳其及巴基斯坦至喜马拉雅山脉、印度东北部、中国华南及华中和台湾、缅甸西部及北部、中南半岛北部。

分布状况：甚常见于西藏南部、云南、四川、甘肃南部、陕西南部及长江以南海拔1200～3400米的山涧溪流。在台湾于冬季栖于较低海拔处。

习　　性：甚活跃。栖于林中多岩的湍急溪流尤其是瀑布周围。尾有节律地上下摇摆或展开呈扇形，似红尾水鸲。习性也较其他燕尾更似红尾水鸲。营巢于瀑布后。

保护级别：LC

## 小云雀（*Alauda gulgula*）

**百灵科**（Alaudidae），**云雀属**（*Alauda*）

**主要特征**：体小（15厘米）的褐色斑驳而似鹨的鸟。略具浅色眉纹及羽冠。与鹨的区别在于嘴较厚重，飞行较柔弱且姿势不同。与歌百灵的区别在于翼上无棕色且行为上有所不同。与云雀及日本云雀的区别在于体型较小，飞行时白色后翼缘较小且叫声不同。虹膜—褐色；嘴—角质色；脚—肉色。于地面及向上炫耀飞行时发出音高的甜美鸣声。叫声为干涩的嘁喳声drzz。

**分布范围**：繁殖于古北界。冬季南迁。

**分布状况**：甚常见于中国南方及沿海地区。亚种*inopinata*于青藏高原南部及东部；*weigoldi*于华中及华东；*coelivox*于东南；*vernayi*于西南；*sala*于海南岛及邻近的广东南部；*wattersi*于台湾。

**习　　性**：栖于长有短草的开阔地区。与歌百灵的不同之处在于从不停栖于树上。

**保护级别**：三有保护鸟类　LC

## 小嘴乌鸦（*Corvus corone*）

**鸦科**（Corvidae），**鸦属**（*Corvus*）

**主要特征：** 体大（50厘米）的黑色鸦。与秃鼻乌鸦的区别在于嘴基部被黑色羽。与大嘴乌鸦的区别在于额弓较低，嘴虽强劲但形显细。虹膜—褐色；嘴—黑色；脚—黑色。发出粗哑的嘎嘎叫声kraa。

**分布范围：** 欧亚大陆、非洲东北部及日本。

**分布状况：** 亚种*orientalis*繁殖于华中及华北，有些鸟冬季南迁至华南及华东；*sharpii*迁徙时见于西北。

**习　　性：** 喜结大群栖息，但不像秃鼻乌鸦那样结群营巢。取食于矮草地及农耕地，以无脊椎动物为主要食物，但喜欢吃尸体，常在道路上吃被车辆压死的动物。一般不像秃鼻乌鸦那样栖于城市。

**保护级别：** LC

## 星　鸦（*Nucifraga caryocatactes*）

**鸦科**（Corvidae），**星鸦属**（*Nucifraga*）

主要特征：体型略小（33厘米）的深褐色而密布白色点斑的鸦。臀及尾角白色，形短的尾与强直的嘴使之看上去特显壮实。几个尚有疑问的亚种记述于中国。北方的各亚种白色点斑较小且仅限于头侧、胸部及上背。亚种*hemispila*褐色较浅；*owstoni* 为烟褐色。虹膜—深褐；嘴—黑色；脚—黑色。叫声为干哑的kraaaak声，有时不停地重复。不如松鸦的叫声刺耳。轻声而带哨音和咔嗒声的如管笛的鸣声，以及嘶叫间杂模仿叫声。雏鸟发出带鼻音的咩咩叫声。

分布范围：古北界北部、日本及中国台湾，喜马拉雅山脉至中国西南及中部。

分布状况：甚常见于中国亚高山针叶林。亚种*rothschildi*为新疆西北部天山地区的留鸟；*macrorhynchos*于中国东北兴安岭及长白山；*interdicta*于辽宁、河北、山东及河南的针叶林；*macella*于华中至西南；*hemispila*于西藏西南部；*owstoni*于台湾。

习　　性：单独或成对活动，偶尔结小群。栖于松林，以松子为食。也埋藏其他坚果以备冬季食用。动作斯文，飞行起伏而有节律。

保护级别：LC

## 旋木雀（*Certhia familiaris*）

**旋木雀科**（Certhiidae），**旋木雀属**（*Certhia*）

**主要特征：** 体型略小（13厘米）而褐色斑驳的旋木雀。下体白色或皮黄，仅两胁略沾棕色且尾覆羽棕色。胸部及两胁偏白，眉纹色浅，使其有别于锈红腹旋木雀。体型较小，喉部色浅，使其有别于褐喉旋木雀。平淡褐色的尾，使其有别于高山旋木雀。诸亚种细部有别。虹膜—褐色；嘴—上颚褐色，下颚色浅；脚—偏褐。叫声为轻声的联络叫声zit，响亮刺耳的卷舌音 zrreeht。鸣声似鹪鹩，有刺耳过门声，结尾为细薄颤音。

**分布范围：** 欧亚大陆、喜马拉雅山脉至中国北方、西伯利亚及日本。

**分布状况：** 诸亚种均甚常见于其相应分布区的温带阔叶林及针叶林的各海拔地带。亚种*tianshanica*于中国西北；*khamensis*于中国中部及西南；*bianchii*于青海、甘肃及陕西南部；*orientalis*于东北；*daurica*于极东北部。

**习　　性：** 具有本属的典型特性。常加入混合鸟群。

**保护级别：** LC

## 燕　雀（*Fringilla montifringilla*）

**燕雀科**（Fringillidae），**燕雀属**（*Fringilla*）

主要特征：中等体型（16厘米）而斑纹分明的壮实型雀鸟。胸棕而腰白。成年雄鸟头及颈背黑色，背近黑，腹部白，两翼及叉形的尾黑色，有醒目的白色“肩”斑和棕色翼斑，且初级飞羽基部具白色点斑。非繁殖期的雄鸟与繁殖期的雌鸟相似，但头部图纹明显为褐、灰及近黑色。虹膜—褐色；嘴—黄色，端黑；脚—粉褐。悦耳的鸣声由几个笛音的音节接长长的zweee声或下降的嘟声。叫声为重复响亮而单调的粗喘息声zweee，也发出高叫及吱叫声。飞行叫声为chuee。

分布范围：古北区北部。

分布状况：不常见。越冬于落叶混交林及林地、针叶林林间空地。见于中国东半部及西北部的天山、青海西部，偶至中国南方。

习　　性：喜跳跃和呈波状飞行。成对或结小群活动。于地面或树上取食，似苍头燕雀。

保护级别：三有保护鸟类　LC

## 云雀（*Alauda arvensis*）

**百灵科**（Alaudidae），**云雀属**（*Alauda*）

**主要特征：** 中等体型（18厘米）而具灰褐色杂斑的百灵。顶冠及耸起的羽冠具细纹，尾分叉，羽缘白色，后翼缘的白色于飞行时可见。与鹨类的区别在于尾及腿均较短，具羽冠且站势不如其直。与日本云雀易混淆。与小云雀易混淆，但体型较大，后翼缘较白且叫声也不同。虹膜—深褐；嘴—角质色；脚—肉色。鸣声在高空中振翼飞行时发出，为持续的成串颤音及颤鸣。告警时发出多变的吱吱声。

**分布范围：** 繁殖于欧洲至外贝加尔、朝鲜、日本及中国北方。越冬于北非、伊朗及印度西北部。

**分布状况：** 冬季甚常见于中国北方。亚种*dulcivox*繁殖于新疆西北部；*intermedia* 于东北的山区；*kiborti*于东北的沼泽平原；*pekinensis*及*lonnbergi*繁殖于西伯利亚，但冬季见于华北、华东及华南沿海。

**习　　性：** 以活泼悦耳的鸣声著称，高空振翅飞行时鸣唱，接着作极壮观的俯冲而回到地面的覆盖处。栖于草地、干旱平原、泥淖及沼泽。正常飞行时起伏不定。警惕时下蹲。

**保护级别：** 三有保护鸟类　LC

## 紫翅椋鸟（*Sturnus vulgaris*）

椋鸟科（Sturnidae），椋鸟属（*Sturnus*）

主要特征：中等体型（21厘米）的闪辉黑、紫、绿色椋鸟。具不同程度的白色点斑，体羽新时为矛状，羽缘锈色而成扇贝形纹和斑纹，旧羽斑纹多消失。虹膜—深褐；嘴—黄色；脚—略红。叫声为沙哑的刺耳音及哨音。

分布范围：欧亚大陆。

分布状况：常见于中国西部的农耕区、城镇周围及荒漠边缘。亚种*poltaratskyi*繁殖于准噶尔盆地北部；*porphyronotus*于新疆西部天山及喀什地区；*poltaratskyi*迁徙时见于整个西部地区，偶见于华东及华南沿海。

习　　性：结小至大群于开阔地取食。冬季结大群迁徙至其分布区的南部。

保护级别：三有保护鸟类　LC

## 紫啸鸫（*Myophonus caeruleus*）

**鹟科**（Muscicapidae），**啸鸫属**（*Myophonus*）

主要特征：体大（32厘米）的近黑色啸鸫。通体蓝黑色，仅翼覆羽具少量的浅色点斑。翼及尾沾紫色闪辉，头及颈部的羽尖具闪光小羽片。诸亚种细部有别：指名亚种嘴黑色；*temminckii*及*eugenei*嘴黄色；*temminckii*中覆羽羽尖白色。虹膜—褐色；嘴—黄色或黑色；脚—黑色。发出笛音鸣声及模仿其他鸟的叫声。告警时发出尖厉高音eer–ee–ee，似燕尾。

分布范围：土耳其至印度及中国、东南亚。

分布状况：常见的留鸟，见于中等海拔至海拔3650米的山林。亚种*temminckii*为留鸟于西藏南部及东南部；*eugenei*为中国西南的留鸟；指名亚种为中国东北、华中、华东及华南的留鸟。

习　　性：栖于临河流、溪流或密林中的多岩石露出处。取食于地面，受惊时慌忙逃至覆盖下并发出尖厉的警叫声。

保护级别：LC

## 棕背伯劳（*Lanius schach*）

伯劳科（Laniidae），伯劳属（*Lanius*）

**主要特征：**体型略大（25厘米）而尾长的棕、黑及白色伯劳。成鸟额、眼纹、两翼及尾黑色，翼有一白色斑，头顶及颈背灰色或灰黑色，背、腰及体侧红褐色，颏、喉、胸及腹中心部位白色。各亚种头及背部黑色的扩展有别。亚成鸟色较暗，两胁及背部具横斑，头及颈背灰色较重。虹膜—褐色；嘴及脚—黑色。发出粗哑刺耳的尖叫声terrr及颤抖的鸣声，有时模仿其他鸟的叫声。

**分布范围：**伊朗至中国、印度、东南亚。

**分布状况：**常见的留鸟，高可至海拔1600米。亚种*tricolor*为云南北部、西部、南部及西藏南部的留鸟；指名亚种于华中、华东及华南；*formosae*于台湾；*hainanus*于海南岛。

**习　　性：**喜草地、灌丛、茶林、丁香林及其他开阔地。立于低树枝，猛然飞出捕食飞行中的昆虫，常猛扑地面的蝗虫及甲壳虫。

**保护级别：**三有保护鸟类　LC

## 棕背黑头鸫（*Turdus kessleri*）

鹟科（Muscicapidae），鸫属（*Turdus*）

**主要特征：** 体大（28厘米）的黑色及赤褐色鸫。头、颈、喉、胸、翼及尾黑色，体羽其余部位栗色，仅上背皮黄白色延伸至胸带。雌鸟比雄鸟色浅，喉近白而具细纹。似灰头鸫，区别在于头、颈及喉黑色而非灰色。虹膜—褐色；嘴—黄色；脚—褐色。告警时发出粗哑的咯咯声，似白颈鸫。叫声为轻柔的dug dug声。鸣声由多声短音组成，似槲鸫。

**分布范围：** 青藏高原、中国中北部。有迷鸟冬季至尼泊尔及喜马拉雅山脉。

**分布状况：** 甚稀少罕见的留鸟，见于西藏东部、甘肃、青海、四川及云南西北部。越冬于西藏南部。繁殖于海拔3600～4500米林线以上多岩地区的灌丛。冬季下迁至海拔2100米。

**习　　性：** 冬季成群，在田野取食。于地面上低飞，短暂的振翼后滑翔。喜吃桧树浆果。

**保护级别：** 三有保护鸟类　LC

## 棕腹柳莺（*Phylloscopus subaffinis*）

莺科（Sylviidae），柳莺属（*Phylloscopus*）

**主要特征：** 中等体型（10.5厘米）的橄榄绿色柳莺。眉纹暗黄且无翼斑。外侧三枚尾羽的狭窄白色羽端及羽缘在野外难见。甚似黄腹柳莺，但耳羽较暗，嘴略短，下嘴尖端色深。眉纹尤其于眼先不显著，且其上无狭窄的深色条纹。两翼比黄腹柳莺短，比灰柳莺绿，且眉纹浅而少橘黄色。无棕眉柳莺的喉部细纹。较烟柳莺上体绿色多而下体绿色少。虹膜—褐色；嘴—深角质色而具偏黄色的嘴线，下嘴基部黄色；脚—深色。鸣声似黄腹柳莺，但较轻慢而细弱，且无前导的装饰音，为tuee-tuee-tuee-tuee声。叫声为轻柔而似蟋蟀振翅的chrrup或chrrip声。

**分布范围：** 中国华中及华东。越冬于中国南方、缅甸北部及中南半岛北部的亚热带地区。

**分布状况：** 不甚常见的繁殖鸟，见于华中、华南及华东。越冬于南方沿海及西南。

**习　　性：** 垂直性迁移的候鸟。夏季于山区森林及灌丛，高可至海拔3600米。越冬于山丘及低地。藏匿于浓密的林下植被，夏季成对，冬季结小群。不安时两翼下垂并抖动。

**保护级别：** 三有保护鸟类　LC

## 棕肛凤鹛（*Yuhina occipitalis*）

**莺科**（Sylviidae），**凤鹛属**（*Yuhina*）

主要特征：中等体型（13厘米）的褐色凤鹛。凸显的羽冠前端灰而后端橙褐。上背灰橄榄色，髭纹黑色。下体粉皮黄，尾下覆羽棕色。眼圈白。虹膜—褐色；嘴—粉色；脚—橙红。叫声为短促的喊喳声。告警时发出z-e-e...zit声。鸣声为高音的zee-zu-drrrrr, tsip-che-e-e-e-e。

分布范围：尼泊尔至缅甸北部及中国西南。

分布状况：常见的留鸟，见于海拔1800～3700米的山区多苔藓森林，冬季下迁至海拔1350米。指名亚种为留鸟于西藏南部及东南部；*obscurior*为留鸟于云南及四川西部。

习　　性：结群并与其他种类混群，在“鸟潮”中积极活动。

保护级别：LC

## 棕颈钩嘴鹛（*Pomatorhinus ruficollis*）

**莺科**（Sylviidae），**钩嘴鹛属**（*Pomatorhinus*）

主要特征：体型略小（19厘米）的褐色钩嘴鹛。具栗色的颈圈，白色的长眉纹，眼先黑色，喉白色，胸部具纵纹。虹膜—褐色；嘴—上嘴黑色，下嘴黄色（亚种*reconditus*下嘴粉红）；脚—铅褐。鸣声为2～3声的嘭声，重音在第一音节，最末音较低。雌鸟有时以尖叫声回应。

分布范围：喜马拉雅山脉、中南半岛北部、缅甸北部及西部、中国华中至华南及台湾。

分布状况：甚常见于海拔80～3400米混交林、常绿林或有竹林的矮小次生林。中国有多个地理亚种——*musicus*于台湾；*nigrostellatus*于海南岛；*stridulus*于武夷山；*hunanensis*于华中及华南山区；*styani*于甘肃南部至浙江、四川南部至北部及贵州北部；*eidos*为四川峨眉山地区的特有亚种；*similis*于四川西南部、云南西北部及西部；*albipectus*于云南南部澜沧江与红河之间；*godwini*于西藏东南部。有些亚种间有中间色型出现。

习　　性：具有本属的典型特性。

保护级别：LC

## 棕眉柳莺（*Phylloscopus armandii*）

**莺科**（Sylviidae），**柳莺属**（*Phylloscopus*）

**主要特征：** 中等体型（12厘米）而敦实的单一褐色柳莺。尾略分叉，嘴短而尖。上体橄榄褐色，飞羽、覆羽及尾缘橄榄色。具白色的长眉纹和皮黄色眼先。脸侧具深色杂斑，暗色的眼先及贯眼纹与米黄色的眼圈形成对比。下体污黄白，胸侧及两胁沾橄榄色。特征为喉部的黄色纵纹常隐约贯胸而延伸至腹部，尾下覆羽黄褐。与巨嘴柳莺的区别在于无胸带，嘴尖，下体偏白，且行为有所不同。与烟柳莺的区别在于体羽较浅而鲜丽。与棕腹柳莺的区别在于体型较大，嘴及腿色浅。与灰柳莺的区别在于眉纹前端皮黄而非橘黄。与黄腹柳莺的区别在于上体无绿色。虹膜—褐色；嘴—上嘴褐色，下嘴色浅；脚—黄褐。叫声独特，为高尖的zic声，似鹀类。鸣声似巨嘴柳莺，但较弱。

**分布范围：** 繁殖于中国北部及中部、缅甸北部。越冬于中国南方、缅甸南部及中南半岛北部。偶见于香港。

**分布状况：** 一般为不常见的候鸟。指名亚种繁殖于辽宁北部及中部至四川北部、青海东部、西藏东部，迷鸟至山东；*perplexus*分布于西藏东南部、云南西北部及北部、四川东南部、宁夏、湖北，越冬于云南南部及西部和贵州。

**习　　性：** 常光顾坡面的亚高山云杉林中的柳树及杨树群落。于低灌丛下的地面取食。

**保护级别：** 三有保护鸟类　LC

## 棕扇尾莺（*Cisticola juncidis*）

**扇尾莺科**（Cisticolidae），**扇尾莺属**（*Cisticola*）

主要特征：体小（10厘米）而具褐色纵纹的莺。腰黄褐色，尾端白色清晰。与非繁殖期的金头扇尾莺的区别在于白色眉纹较颈侧及颈背明显为浅。虹膜—褐色；嘴—褐色；脚—粉红至近红。作波状炫耀飞行时发出一连串清脆的zit声。

分布范围：非洲、南欧、印度、中国、日本、东南亚及澳大利亚北部。

分布状况：常见于海拔1200米以下地带。亚种*tinnabulans*繁殖于中国华中及华东，越冬于华南及华东。

习　　性：栖于开阔草地、稻田及甘蔗地，一般较金头扇尾莺更喜湿润地区。求偶飞行时雄鸟在其配偶上空振翼并盘旋鸣叫。非繁殖期惧生而不易见到。

保护级别：LC

## 棕头鸦雀（*Paradoxornis webbianus*）

**莺科**（Sylviidae），**鸦雀属**（*Paradoxornis*）

主要特征：体型纤小（12厘米）的粉褐色鸦雀。嘴小似山雀，头顶及两翼栗褐，喉略具细纹。眼圈不明显。有些亚种翼缘棕色。虹膜—褐色；嘴—灰色或褐色，端色较浅；脚—粉灰。鸣声为高音的tw'i–tu tititi及tw'i–tu tiutiutiutiu等，短间隔后又重复，并间杂有短促的twit声，有时仅作tiutiutiutiu。叫声为持续而微弱的啾啾声（据C. Robson）。

分布范围：中国、朝鲜及越南北部。

分布状况：常见的留鸟，见于中等海拔的灌丛、棘丛及林缘地带。中国有7个亚种——*mantschuricus*于中国东北；*fulvicauda*于河北、北京及河南；指名亚种于上海；*bulomachus*于台湾；*ganluoensis*于四川中部；*stresemanni*于贵州及云南东部；*suffusus*于华中、华东及华南的大多数地区。

习　　性：性活泼而好结群，通常栖于林下植被及低矮树丛。轻的“呸”声易引出此鸟。

保护级别：LC

## 棕胸岩鹨（*Prunella strophiata*）

**麻雀科**（Passeridae），**岩鹨属**（*Prunella*）

主要特征：中等体型（16厘米）的褐色具纵纹的岩鹨。眼先上具狭窄白线，至眼后转变为特征性的黄褐色眉纹，下体白色而具黑色纵纹，仅胸带黄褐。虹膜—浅褐；嘴—黑色；脚—暗橘黄色。叫声为高音的吱叫tirr-r-rit。鸣声似鹪鹩，但不如其响亮，且间杂沙哑之声。

分布范围：阿富汗东部、喜马拉雅山脉、缅甸东北部、中国中部及青藏高原东南部。

分布状况：不常见的留鸟，见于海拔2400～4300米的西藏南部及东南部、青海、甘肃、陕西秦岭、四川西部、云南西北部。冬季往较低海拔处迁徙。

习　　性：喜较高处的森林及林线以上的灌丛。

保护级别：LC

## 棕朱雀（*Carpodacus edwardsii*）

**燕雀科**（Fringillidae），**朱雀属**（*Carpodacus*）

**主要特征：** 中等体型（16厘米）的深色朱雀。眉纹显著。雄鸟深紫褐色，眉纹、喉、颏及三级飞羽的远缘浅粉色。腰色深，额或下体无粉色，且翼上无白色而有别于其他的深色朱雀。雌鸟上体深褐，下体皮黄，眉纹浅皮黄，具浓密的深色纵纹，翼上无白色，尾略凹。喜马拉雅山脉的亚种*rubicunda*雄鸟上体染绯红色，雌鸟色甚深。虹膜—褐色；嘴—角质色；脚—褐色。通常无声。叫声为金属音twink及似喘息的che-wee声。

**分布范围：** 喜马拉雅山脉至中国西部。

**分布状况：** 罕见或地方性常见，见于海拔3000～4250米的较高林层及高山灌丛。亚种*rubicunda*于喜马拉雅山脉；指名亚种于甘肃南部及四川西部山区。

**习　　性：** 单独或结小群藏隐于地面或近地面处。

**保护级别：** 三有保护鸟类　LC

## 白背啄木鸟（*Dendrocopos leucotos*）

**啄木鸟科**（Picidae），**啄木鸟属**（*Dendrocopos*）

**主要特征：** 中等体型（25厘米）的黑白色啄木鸟。特征为下背白色。雄鸟顶冠全绯红（雌鸟顶冠黑），额白。下体白而具黑色纵纹，臀部浅绯红。两翼及外侧尾羽具白色点斑。亚种*tangi*腹中部皮黄；*insularis*腹中部近褐。与三趾啄木鸟的区别在于无黄色的前顶冠，两翼横斑明显。虹膜—褐色；嘴—黑色；脚—灰色。叫声为轻声的kik叫，似乌鸫的告警声。有力地錾木约1.7秒后突然加速，结束时有所放缓。

**分布范围：** 东欧至日本及中国。

**分布状况：** 不连续分布，但分布区内相当常见。指名亚种分布于中国东北及新疆极北部；*sinicus*于河北及内蒙古东南部；*fohkiensis*于福建西北部的武夷山及江西北部的关山；*tangi*于陕西南部的秦岭至四川中部；*insularis*于台湾。栖于海拔1200 ~ 2000米的落叶林及混交林山地。

**习　　性：** 喜栖于老朽树木。不怯生。

**保护级别：** 三有保护鸟类

## 斑姬啄木鸟（*Picumnus innominatus*）

**啄木鸟科（Picidae），姬啄木鸟属（*Picumnus*）**

**主要特征：** 体型纤小（10厘米）、橄榄色背的似山雀型啄木鸟。特征为下体多具黑点，脸及尾部具黑白色纹。雄鸟前额橘黄色。虹膜—红色；嘴—近黑；脚—灰色。叫声为反复的尖厉tsit声。告警时发出似拨浪鼓的声音。

**分布范围：** 喜马拉雅山脉至中国南部及东南亚。

**分布状况：** 不常见，生活于常绿阔叶林，高可至海拔1200米。指名亚种分布于西藏东南部；*chinensis*为留鸟，见于华中、华东及华南的大部分地区；*malayorum*于云南西部及南部。

**习　　性：** 栖于热带低山混合林的枯树或树枝上，尤喜竹林。觅食时持续发出轻微的叩击声。

**保护级别：** 三有保护鸟类　LC

## 大斑啄木鸟（*Dendrocopos major*）

**啄木鸟科**（Picidae），**啄木鸟属**（*Dendrocopos*）

主要特征：中等体型（24厘米）的黑白相间的啄木鸟。雄鸟枕部具狭窄红色带而雌鸟无。雄雌两性臀部均为红色，但带黑色纵纹的近白色胸部上无红色或橙红色，以此有别于相近的赤胸啄木鸟及棕腹啄木鸟。虹膜—近红；嘴—灰色；脚—灰色。錾木声响亮，并有刺耳尖叫声。

分布范围：欧亚大陆的温带林区，印度东北部，缅甸西部、北部及东部，中南半岛北部。

分布状况：在中国为分布最广泛的啄木鸟，见于整个温带林区、农作区及城市园林。中国有9个亚种——*tianshanicus*于中国西北；*brevirostis*繁殖于中国东北的大兴安岭，越冬于小兴安岭及东北平原；*wulashanicus*于宁夏的贺兰山和乌拉山及陕西北部；*japonicus*于辽宁、吉林及内蒙古东部；*cabanisi*于华北东部；*beicki*于华中北部；*stresemanni*于中南及西南；*mandarinus*于华南及华东；*hainanus*于海南岛。

习　　性：具有本属的典型特性，錾树洞营巢，食昆虫及树皮下的蛴螬。

保护级别：三有保护鸟类　LC

## 大拟啄木鸟（*Megalaima virens*）

**拟啄木鸟科**（Megalaimidae），**拟啄木属**（*Megalaima*）

主要特征：体型甚大（30厘米），头大呈墨蓝色，嘴草黄色而特形大。上体多绿色，腹黄而带深绿色纵纹，尾下覆羽亮红色。虹膜—褐色；嘴—浅黄或褐色，端黑；脚—灰色。通常叫声为不断重复的悠长的piho piho声，但也发出其他叫声，包括对唱时粗声大气的反复的tuk tuk tuk叫声。

分布范围：喜马拉雅山脉至中国南部及中南半岛北部。

分布状况：留鸟。在中国南方的常绿林中相当常见，高可至海拔2000米以上的中等海拔地带。指名亚种为留鸟，分布于北纬30° 以南地区；*marshallorum*于西藏南部；*clamator*于云南怒江以西；*magnifica*于云南怒江与澜沧江之间。

习　　性：有时数鸟聚集于一棵树的顶端鸣叫。飞行如啄木鸟，升降幅度大。

保护级别：四川省重点保护野生动物　三有保护鸟类　LC

## 黄颈啄木鸟（*Dendrocopos darjellensis*）

**啄木鸟科**（Picidae），**啄木鸟属**（*Dendrocopos*）

主要特征：中等体型（25厘米）的黑白色啄木鸟。脸深茶黄色，胸部具黑色纵纹，臀部浅绯红色。背部全黑，具宽的白色肩斑，两翼及外侧尾羽具成排的白点。雄鸟枕部绯红，雌鸟黑色。虹膜—红色；嘴—灰色，端黑；脚—近绿。叫声为低沉的puk puk声。繁殖期发出錾木声。

分布范围：尼泊尔至中国西南，缅甸及中南半岛北部。

分布状况：云南西部及西北部和四川西北部及南部的垂直性迁移鸟。罕见于海拔1200～4000米的潮湿森林。指名亚种为西藏南部的留鸟；*desmursi*于西藏东南部。

习　　性：取食于各海拔高度地带。有时与其他种混群。

保护级别：三有保护鸟类　LC

## 灰头绿啄木鸟（*Picus canus*）

**啄木鸟科（Picidae），绿啄木鸟属（*Picus*）**

**主要特征：** 中等体型（27厘米）的绿色啄木鸟。识别特征为下体全灰，颊及喉亦灰。雄鸟前顶冠猩红，眼先及狭窄颊纹黑色，枕及尾黑色。雌鸟顶冠灰色而无红斑，嘴相对短而钝。诸多亚种大小及色彩各异：雌性*sobrinus*头顶及枕部黑色；雌性*tancolo*及*kogo*顶后及枕部具黑色条纹。虹膜—红褐；嘴—近灰；脚—蓝灰。叫声似绿啄木鸟的朗声大叫，但声较轻细，尾音稍缓。告警时发出焦虑不安的重复kya声。常发出响亮快速、持续至少1秒钟的錾木声。

**分布范围：** 欧亚大陆、印度、中国及东南亚。

**分布状况：** 并不常见，但广泛分布于各类林地甚或城市园林。中国有10个亚种——*biedermanni*于新疆西北部阿尔泰山；*jessoensis*于东北；*zimmermanni*于华北东部；*guerini*遍及北方其他地区；*sobrinus*于华东及华南；*hainanus*于海南岛；*tancolo*于台湾；*sordidor*于西南；*hessei*于云南南部的西双版纳南部；*kogo*于西藏东部及青海。

**习　　性：** 怯生谨慎。常活动于小片林地及林缘，亦见于大片林地。有时下迁至地面寻食蚂蚁。

**保护级别：** LC

## 栗啄木鸟（*Celeus brachyurus*）

啄木鸟科（Picidae），栗啄木鸟属（*Celeus*）

**主要特征：** 中等体型（21厘米）的红褐色啄木鸟。通体红褐色，两翼及上体具黑色横斑，下体也具较模糊横斑。雄鸟眼下和眼后具一红斑。虹膜—红色；嘴—黑色；脚—褐色。叫声为短而急的kwee-kwee-kwee-kwee声，5～10个音符一降。錾木声短而渐缓。

**分布范围：** 南亚、东南亚。

**分布状况：** 常见种，高可至海拔1500米。亚种*phaioceps*为西藏东南部、云南西部及南部的留鸟；*fokiensis*于华南及华东；*holroydi*于海南岛。

**习　　性：** 喜低海拔高度的开阔林地、次生林、林缘地带、园林及人工林。錾啄声不易听见。

**保护级别：** 三有保护鸟类　LC

## 蚁　䴕（*Jynx torquilla*）

**啄木鸟科（Picidae），蚁䴕属（*Jynx*）**

主要特征：体小（17厘米）的灰褐色啄木鸟。特征为体羽斑驳杂乱，下体具小横斑。嘴相对形短，呈圆锥形。就啄木鸟而言，其尾较长，具不明显的横斑。虹膜—浅褐；嘴—角质色；脚—褐色。叫声为一连串响亮带鼻音的teee-teee-teee-teee声，似红隼。雏鸟乞食时发出高音的tixixixixix叫声。

分布范围：非洲、欧亚、印度、东南亚、中国。

分布状况：地方性常见。亚种*chinensis*繁殖于华中、华北及东北，越冬于华南及华东；指名亚种迁徙时经过中国西北，可能在天山越冬；*himalayana*越冬于西藏东南部。

习　　性：不同于其他啄木鸟，蚁䴕栖于树枝而不攀树，也不錾啄树干取食。人靠近时做头部往两侧扭动的动作。通常单独活动。取食地面蚂蚁。喜灌丛。

保护级别：三有保护鸟类　LC

# 参考文献

崔学振，杨拉珠，陈安康，等．泸沽湖、邛海越冬湿地鸟类调查［J］．四川动物，1992，11（4）：27-28.

李丽纯．四川省湿地鸟类多样性及保护研究［D］．成都：四川大学，2006.

林雯，冉江洪，郑志荣，等．四川凉山彝族自治州湿地鸟类组成及变化探讨［J］．四川动物，2007，26（1）：32-37.

彭徐，吉伍木牛．邛海污染现状与治理对策研究［M］．成都：四川大学出版社，2011.

约翰·马敬能，卡伦·菲利普斯，何芬奇．中国鸟类野外手册［M］．长沙：湖南教育出版社，2000.

张荣祖．中国动物地理［M］．北京：科学出版社，2011.

郑光美．中国鸟类分类与分布名录［M］．2版．北京：科学出版社，2011.